普通高等教育"十一五"国家级规划教材

高等院校信息安全专业系列教材

网络安全管理

李娜 孙晓冬 主编

Information Security

http://www.tup.com.cn

清华大学出版社
北京

内容简介

本书对实战工作中的网络安全管理问题做了详尽的解释与阐述，同时也比较全面地介绍了网络安全保卫部门实际工作执法过程中的相关规范与标准。主要内容包括网络安全管理概述、计算机信息网络国际联网安全管理、互联网用户的用网行为安全规范、互联网单位用户的安全管理、互联网上网服务营业场所安全管理、信息系统安全等级保护制度、计算机病毒防护、计算机信息系统安全专用产品安全管理。

本书适合作为高等院校信息安全、网络犯罪侦查等专业的研究生、本科生、双学位学生的授课教材或教学参考书，也可以作为网络犯罪相关执法人员的参考书。

图书在版编目（CIP）数据

网络安全管理/李娜，孙晓冬主编.--北京：清华大学出版社，2014（2025.1 重印）
高等院校信息安全专业系列教材
ISBN 978-7-302-35218-1

Ⅰ. ①网… Ⅱ. ①李… ②孙… Ⅲ. ①计算机网络－安全技术－高等学校－教材 Ⅳ. ①TP393.08

中国版本图书馆 CIP 数据核字(2014)第 014326 号

责任编辑：张 民 薛 阳
封面设计：常雪影
责任校对：时翠兰
责任印制：丛怀宇

出版发行：清华大学出版社
网 址：https://www.tup.com.cn, https://www.wqxuetang.com
地 址：北京清华大学学研大厦 A 座 邮 编：100084
社 总 机：010-83470000 邮 购：010-62786544
投稿与读者服务：010-62776969，c-service@tup. tsinghua. edu. cn
质量反馈：010-62772015，zhiliang@tup. tsinghua. edu. cn
课件下载：https://www.tup.com.cn，010-83470236
印 装 者：三河市君旺印务有限公司
经 销：全国新华书店
开 本：185mm×260mm 印 张：11.75 字 数：269 千字
版 次：2014 年 7 月第 1 版 印 次：2025 年 1 月第10次印刷
定 价：35.00元

产品编号：056203-02

高等院校信息安全专业系列教材

编审委员会

出版说明

21世纪是信息时代，信息已成为社会发展的重要战略资源，社会的信息化已成为当今世界发展的潮流和核心，而信息安全在信息社会中将扮演极为重要的角色，它会直接关系到国家安全、企业经营和人们的日常生活。随着信息安全产业的快速发展，全球对信息安全人才的需求量不断增加，但我国目前信息安全人才极度匮乏，远远不能满足金融、商业、公安、军事和政府等部门的需求。要解决供需矛盾，必须加快信息安全人才的培养，以满足社会对信息安全人才的需求。为此，教育部继2001年批准在武汉大学开设信息安全本科专业之后，又批准了多所高等院校设立信息安全本科专业，而且许多高校和科研院所已设立了信息安全方向的具有硕士和博士学位授予权的学科点。

信息安全是计算机、通信、物理、数学等领域的交叉学科，对于这一新兴学科的培养模式和课程设置，各高校普遍缺乏经验，因此中国计算机学会教育专业委员会和清华大学出版社联合主办了"信息安全专业教育教学研讨会"等一系列研讨活动，并成立了"高等院校信息安全专业系列教材"编审委员会，由我国信息安全领域著名专家肖国镇教授担任编委会主任，指导"高等院校信息安全专业系列教材"的编写工作。编委会本着研究先行的指导原则，认真研讨国内外高等院校信息安全专业的教学体系和课程设置，进行了大量前瞻性的研究工作，而且这种研究工作将随着我国信息安全专业的发展不断深入。经过编委会全体委员及相关专家的推荐和审定，确定了本丛书首批教材的作者，这些作者绝大多数都是既在本专业领域有深厚的学术造诣、又在教学第一线有丰富的教学经验的学者、专家。

本系列教材是我国第一套专门针对信息安全专业的教材，其特点是：

① 体系完整、结构合理、内容先进。

② 适应面广：能够满足信息安全、计算机、通信工程等相关专业对信息安全领域课程的教材要求。

③ 立体配套：除主教材外，还配有多媒体电子教案、习题与实验指导等。

④ 版本更新及时，紧跟科学技术的新发展。

为了保证出版质量，我们坚持宁缺毋滥的原则，成熟一本，出版一本，并保持不断更新，力求将我国信息安全领域教育、科研的最新成果和成熟经验反映到教材中来。在全力做好本版教材，满足学生用书的基础上，还经由专家的推荐和审定，遴选了一批国外信息安全领域优秀的教材加入到本系列教材中，以进一步满足大家对外版书的需求。热切期望广大教师和科研工作者加入我们的队伍，同时也欢迎广大读者对本系列教材提出宝贵意见，以便我们对本系列教材的组织、编写与出版工作不断改进，为我国信息安全专业的教材建设与人才培养做出更大的贡献。

“高等院校信息安全专业系列教材”已于2006年年初正式列入普通高等教育“十一五”国家级教材规划（见教高[2006]9号文件《教育部关于印发普通高等教育“十一五”国家级教材规划选题的通知》）。我们会严把出版环节，保证规划教材的编校和印刷质量，按时完成出版任务。

2007年6月，教育部高等学校信息安全类专业教学指导委员会成立大会暨第一次会议在北京胜利召开。本次会议由教育部高等学校信息安全类专业教学指导委员会主任单位北京工业大学和北京电子科技学院主办，清华大学出版社协办。教育部高等学校信息安全类专业教学指导委员会的成立对我国信息安全专业的发展起到重要的指导和推动作用。2006年教育部给武汉大学下达了“信息安全专业指导性专业规范研制”的教学科研项目。2007年起该项目由教育部高等学校信息安全类专业教学指导委员会组织实施。在高教司和教指委的指导下，项目组团结一致，努力工作，克服困难，历时5年，制定出我国第一个信息安全专业指导性专业规范，于2012年底通过经教育部高等教育司理工科教育处授权组织的专家组评审，并且已经得到武汉大学等许多高校的实际使用。2013年，新一届“教育部高等学校信息安全专业教学指导委员会”成立。经组织审查和研究决定，2014年以“教育部高等学校信息安全专业教学指导委员会”的名义正式发布《高等学校信息安全专业指导性专业规范》（由清华大学出版社正式出版）。“高等院校信息安全专业系列教材”在教育部高等学校信息安全专业教学指导委员会的指导下，根据《高等学校信息安全专业指导性专业规范》组织编写和修订，进一步体现科学性、系统性和新颖性，及时反映教学改革和课程建设的新成果，并随着我国信息安全学科的发展不断完善。

我们的E-mail地址：zhangm@tup.tsinghua.edu.cn；联系人：张民。

“高等院校信息安全专业系列教材”编审委员会

前言

随着网络技术的提高与网络的普及，人们的生活与网络也越来越紧密。同时，网络犯罪日益成为区别于传统犯罪的高发领域。网络犯罪的日趋增多，给我国广大网民的社会生活造成了严重的威胁。还网络一个净化的空间，一方面要依赖网络犯罪案件的侦办，还有一个不容忽视的方面就是网络安全的管理，可以使网络犯罪防患于未然，同时，还可以为网络犯罪案件的侦办提供良好的条件或者信息。

本书对实战工作中的安全管理问题做了详尽的解释与阐述，同时也比较全面地介绍了网络安全保卫部门实际工作执法过程中的相关规范与标准。本书适合作为公安高等院校信息安全、网络安全与执法、网络犯罪侦查等专业的研究生、本科生、二学位学生的授课教材或教学参考书，也可以作为网络犯罪相关执法人员的参考书。

本书主要内容包括网络安全管理概述、计算机信息网络国际联网安全管理、互联网用户的用网行为安全规范、互联网单位用户的安全管理、互联网上网服务营业场所安全管理、信息系统安全等级保护制度、计算机病毒防护、计算机信息系统安全专用产品安全管理。

本书由李娜和孙晓冬担任主编，负责全书的整体结构设计和内容统编。李娜编写第1、2章，第6～8章；孙晓冬编写第3～5章。秦玉海教授对全书内容进行了审阅，提出很多宝贵意见！

尽管本书作者付出了很多努力，但仍然有不足之处，敬请读者提出宝贵意见！

作　者

目录

第 1 章　网络安全管理概述 …… 1

1.1　网络安全保卫部门的行政职能授权和执法依据 …… 1

1.2　网络安全保卫部门业务类别 …… 6

1.2.1　网络安全保卫部门职能介绍 …… 6

1.2.2　网络安全保卫部门业务类别概述 …… 7

习题 …… 7

第 2 章　计算机信息网络国际联网安全管理 …… 10

2.1　计算机信息网络的基本概念 …… 10

2.2　计算机信息网络国际联网的方式 …… 10

2.3　计算机信息网络国际联网互联单位、接入单位 …… 11

2.4　计算机信息网络国际联网使用单位的安全管理 …… 13

2.5　公安机关的检查监督工作 …… 15

2.6　计算机信息网络国际联网单位违法行为的处罚规定 …… 16

习题 …… 19

第 3 章　互联网用户的用网行为安全规范 …… 23

3.1　互联网用户的概念 …… 23

3.2　互联网用户上网备案手续 …… 23

3.3　互联网用户的上网行为管理 …… 24

3.4　互联网用户网上违法行为的处罚规定 …… 28

习题 …… 30

第 4 章　互联网单位用户的安全管理 …… 35

4.1　互联网单位用户基本概念 …… 35

4.2　互联网单位用户安全检查程序 …… 35

4.3　互联网单位用户安全保护技术措施 …… 38

4.4　日常管理工作与处理方法 …… 40

4.4.1 日常管理工作 …… 40
4.4.2 处理方法 …… 41
习题 …… 42

第5章 互联网上网服务营业场所安全管理 …… 49
5.1 互联网上网服务营业场所概述 …… 49
5.1.1 互联网上网服务营业场所基本概念 …… 49
5.1.2 互联网上网服务营业场所监管依据 …… 49
5.1.3 对互联网上网服务营业场所监管意义 …… 50
5.2 互联网上网服务营业场所设立条件 …… 55
5.3 互联网上网服务营业场所经营单位信息网络安全审核和变更备案办理程序 …… 59
5.3.1 互联网上网服务营业场所申请程序 …… 59
5.3.2 互联网上网服务营业场所经营单位办理审批及备案手续需提供的材料 …… 61
5.4 互联网上网服务营业场所经营单位行为规范 …… 61
5.5 互联网上网服务营业场所上网消费者行为规范 …… 68
5.6 互联网上网服务营业场所检查流程 …… 69
5.6.1 准备工作 …… 69
5.6.2 检查的主要事项 …… 72
5.6.3 执法流程 …… 74
5.6.4 两种网吧主要违法行为的询问笔录要点 …… 76
5.7 互联网上网服务营业场所案卷制作实例 …… 77
习题 …… 98

第6章 信息系统安全等级保护制度 …… 108
6.1 信息系统安全等级保护概述 …… 108
6.1.1 信息系统安全等级保护的基本概念 …… 108
6.1.2 开展信息系统安全等级保护工作的原因 …… 109
6.1.3 开展信息系统安全等级保护工作的法律依据 …… 112
6.1.4 开展信息系统安全等级保护工作的相关国家标准 …… 115
6.2 信息安全等级保护工作职责分工 …… 123
6.3 信息系统安全保护等级的划分与保护 …… 124
6.3.1 “自主定级、自主保护”与国家监管相统一 …… 124
6.3.2 信息系统安全保护等级的划分 …… 125
6.3.3 信息系统安全保护等级的定级要素 …… 125
6.3.4 5级保护和监管 …… 125
6.4 信息系统安全等级保护的主要流程 …… 127

6.5 信息系统安全等级保护等级的确定 …… 129
6.5.1 信息系统安全等级保护定级范围…… 129
6.5.2 信息系统安全保护等级的确定流程…… 129
6.6 信息安全等级保护备案 …… 139
6.6.1 备案期限…… 139
6.6.2 备案管辖…… 139
6.6.3 备案材料…… 139
6.6.4 备案审核…… 147
6.6.5 备案违规处罚…… 149
6.6.6 备案管理…… 150
6.7 信息系统安全建设整改与等级测评 …… 150
6.7.1 信息系统安全建设整改…… 150
6.7.2 有关技术标准和管理标准的简要说明…… 151
6.7.3 信息安全产品分等级使用管理…… 152
6.7.4 等级测评和自查…… 152
6.8 信息系统安全监督检查 …… 153
6.8.1 监督检查的主要内容…… 153
6.8.2 监督检查方式…… 154
6.8.3 信息系统运营使用单位的配合…… 154
6.8.4 对违反有关等级保护规定的处罚…… 154
习题…… 155

第7章 计算机病毒防护 …… 159
7.1 计算机病毒概述 …… 159
7.1.1 计算机病毒概念…… 159
7.1.2 计算机病毒的类型…… 159
7.1.3 计算机病毒的特点…… 160
7.2 计算机病毒的防护 …… 161
7.3 计算机病毒安全管理的处理方法 …… 162
习题…… 163

第8章 计算机信息系统安全专用产品安全管理…… 164
8.1 计算机信息系统安全专用产品概述 …… 164
8.2 计算机信息系统安全专用产品的分类 …… 165
8.2.1 计算机信息系统安全专用产品的分类原则…… 165
8.2.2 计算机信息系统安全专用产品的分类…… 165
8.2.3 各类计算机信息系统安全专用产品的功能…… 165
8.3 计算机信息系统安全专用产品的安全管理 …… 169

8.3.1 计算机信息系统安全专用产品销售许可证申领…… 169
8.3.2 计算机信息系统安全专用产品销售许可证检测机构的申请与批准…… 170
8.3.3 计算机信息系统安全专用产品的检测…… 170
8.3.4 计算机信息系统专用安全产品销售许可证的审批与颁发 …… 171
8.3.5 处理方法…… 171
习题…… 171

参考文献 …… 174

第1章 网络安全管理概述

 1.1 网络安全保卫部门的行政职能授权和执法依据

网络安全保卫部门如果想要准确、及时地执法，就必须要有法律授权与执法依据，有关网络安全保卫部门的主要法律法规是比较健全的。具体如下：

(1)《中华人民共和国警察法》，1995年2月28日第八届全国人民代表大会常务委员会第十二次会议通过，1995年2月28日中华人民共和国主席令第四十号公布施行。

本法律的制定是为了维护国家安全和社会治安秩序，保护公民的合法权益，加强人民警察的队伍建设，从严治警，提高人民警察的素质，保障人民警察依法行使职权，保障改革开放和社会主义现代化建设的顺利进行。

本法律的制定充分体现本法以公安机关的人民警察为主体，规定人民警察的职权、组织管理、义务和纪律以及执法监督等问题。其中，第六条规定：公安机关的人民警察按照职责分工，依法履行下列职责：

① 预防、制止和侦查违法犯罪活动；

② 维护社会治安秩序，制止危害社会治安秩序的行为；

③ 监督管理计算机信息系统的安全保护工作。

(2)《中华人民共和国刑法》，1979年7月1日第五届全国人民代表大会第二次会议通过，1997年3月14日第八届全国人民代表大会第五次会议修订。从1999年12月25至2011年2月25共出台8个修正案。

本法律的制定是为了惩罚犯罪，保护人民。

其中，第二百八十五条规定：违反国家规定，侵入国家事务、国防建设、尖端科学技术领域的计算机信息系统的，处三年以下有期徒刑或者拘役。

违反国家规定，侵入前款规定以外的计算机信息系统或者采用其他技术手段，获取该计算机信息系统中存储、处理或者传输的数据，或者对该计算机信息系统实施非法控制，情节严重的，处三年以下有期徒刑或者拘役，并处或者单处罚金；情节特别严重的，处三年以上七年以下有期徒刑，并处罚金。

提供专门用于侵入、非法控制计算机信息系统的程序、工具，或者明知他人实施侵入、非法控制计算机信息系统的违法犯罪行为而为其提供程序、工具，情节严重的，依照前款的规定处罚。

第二百八十六条规定：违反国家规定，对计算机信息系统功能进行删除、修改、增加、干扰，造成计算机信息系统不能正常运行，后果严重的，处五年以下有期徒刑或者拘役；后果特别严重的，处五年以上有期徒刑。

违反国家规定，对计算机信息系统中存储、处理或者传输的数据和应用程序进行删除、修改、增加的操作，后果严重的，依照前款的规定处罚。

故意制作、传播计算机病毒等破坏性程序，影响计算机系统正常运行，后果严重的，依照第一款的规定处罚。

第二百八十七条规定：利用计算机实施金融诈骗、盗窃、贪污、挪用公款、窃取国家秘密或者其他犯罪的，依照本法有关规定定罪处罚。

中华人民共和国第十一届全国人民代表大会常务委员会第七次会议于 2009 年 2 月 28 日通过的《中华人民共和国刑法修正案（七）》中第九条规定：在刑法第二百八十五条中增加两款作为第二款、第三款："违反国家规定，侵入前款规定以外的计算机信息系统或者采用其他技术手段，获取该计算机信息系统中存储、处理或者传输的数据，或者对该计算机信息系统实施非法控制，情节严重的，处三年以下有期徒刑或者拘役，并处或者单处罚金；情节特别严重的，处三年以上七年以下有期徒刑，并处罚金。"

"提供专门用于侵入、非法控制计算机信息系统的程序、工具，或者明知他人实施侵入、非法控制计算机信息系统的违法犯罪行为而为其提供程序、工具，情节严重的，依照前款的规定处罚。"

（3）《中华人民共和国刑事诉讼法》，1979 年 7 月 1 日第五届全国人民代表大会第二次会议通过，根据 1996 年 3 月 17 日第八届全国人民代表大会第四次会议《关于修改（中华人民共和国刑事诉讼法）的决定》第一次修正。《关于修改（中华人民共和国刑事诉讼法）的决定》于 1996 年 3 月 17 日公布，自 1997 年 1 月 1 日起施行。

本法的目的是为了保证刑法的正确实施，惩罚犯罪，保护人民，保障国家安全和社会公共安全，维护社会主义社会秩序。本法的任务，是保证准确、及时地查明犯罪事实，正确应用法律，惩罚犯罪分子，保障无罪的人不受刑事追究，教育公民自觉遵守法律，积极同犯罪行为作斗争，以维护社会主义法制，保护公民的人身权利、财产权利、民主权利和其他权利，保障社会主义建设事业的顺利进行。

（4）《中华人民共和国行政处罚法》，中华人民共和国主席令第 63 号，1996 年 3 月 17 日第八届全国人民代表大会第四次会议通过，1996 年 10 月 1 日起施行。根据 2012 年 3 月 14 日第十一届全国人民代表大会第五次会议《关于修改〈中华人民共和国刑事诉讼法〉的决定》第二次修正。《全国人民代表大会关于修改〈中华人民共和国刑事诉讼法〉的决定》已由中华人民共和国第十一届全国人民代表大会第五次会议于 2012 年 3 月 14 日通过，现予公布，自 2013 年 1 月 1 日起施行。

本法对于规范行政处罚的设定和实施，保障和监督行政机关有效实施行政管理，维持公共利益和社会秩序，保护行政管理相对人的合法权益起了很好的促进作用。本法是为了规范行政处罚的设定和实施，保障和监督行政机关有效实施行政管理，维护公共利益和社会秩序，保护公民、法人或者其他组织的合法权益，根据宪法规定制定的法律。

本法由八章构成。其中，第一章总则；第二章行政处罚的种类和设定；第三章行政处罚的实施机关；第四章行政处罚的管辖和适用；第五章行政处罚的决定；第六章行政处罚的执行；第七章法律责任；第八章：附则。

(5)《中华人民共和国治安管理处罚法》，主席令第 38 号，2005 年 8 月 28 日中华人民共和国第十届全国人民代表大会常务委员会第十七次会议通过，自 2006 年 3 月 1 日起施行。

本法律的目的是为了维护社会治安秩序，保障公共安全，保护公民、法人和其他组织的合法权益，规范和保障公安机关及其人民警察依法履行治安管理职责。

本法律由六章构成。其中，第一章总则；第二章处罚的种类和适用；第三章违反治安管理的行为和处罚；第四章处罚程序；第五章执法监督；第六章附则。与网上违法行为处罚相关的条款有 8 类 12 条。

其中，第二十九条规定，有下列行为之一的，处五日以下拘留；情节较重的，处五日以上十日以下拘留：

① 违反国家规定，侵入计算机信息系统，造成危害的；

② 违反国家规定，对计算机信息系统功能进行删除、修改、增加、干扰，造成计算机信息系统不能正常运行的；

③ 违反国家规定，对计算机信息系统中存储、处理、传输的数据和应用程序进行删除、修改、增加的；

④ 故意制作、传播计算机病毒等破坏性程序，影响计算机信息系统正常运行的。

(6)《中华人民共和国计算机信息系统安全保护条例》，第 147 号中华人民共和国国务院令(147 号)，1994 年 2 月 18 日发布，自发布之日起施行。

本行政法规是关于计算机安全方面最早的法规，起到提纲挈领性的作用，对以后的计算机安全工作有很重要的指导意义，但是可执行性一般。之后根据这个行政法规出台了一系列的保护计算机信息系统安全的行政法规和部门规章。例如，对于计算机信息系统等级保护工作这部分内容，本行政法规中只是在第九条提到："计算机信息系统实行安全等级保护。安全等级的划分标准和安全等级保护的具体办法，由公安部会同有关部门制定。"根据这一条，后来出台了一系列的规章和国家标准，直到今天有关等级保护的标准就已经出台了五十多个。

本行政法规的目的是为了保护计算机信息系统的安全，促进计算机的应用和发展，保障社会主义现代化建设的顺利进行。这个条例制定的时候我国计算机信息网络还未正式接入国际联网，正式接入的时间是 1994 年 5 月，在当时还缺乏经验，对信息网络要面临的问题的认识也不够，其中所指的网络主要是指局域网。保护的对象主要是国家事务、经济建设、国防建设、尖端科学技术等重要领域的计算机信息系统的安全。授权执法的政府部门是公安部，公安部主管全国计算机信息系统安全保护工作。

本行政法规的主要内容有：准确标明了安全保护工作的性质；科学界定了"计算机信息系统"的概念；系统设置了安全保护的制度；明确确定了安全监督的职权；全面规定了违法者的法律责任；定义了计算机病毒及专用安全产品。

其中，第十七条规定了公安机关对计算机信息系统保护工作行使下列监督职权：

① 监督、检查、指导计算机信息系统安全保护工作；

② 查处危害计算机信息系统安全的违法犯罪案件；

③ 履行计算机信息系统安全保护工作的其他监督职责。

(7)《全国人大常委会关于维护互联网安全的决定》,2000 年 12 月 28 日第九届全国人民代表大会常务委员会第十九次会议通过。

本决定是为了保障互联网的运行安全和信息安全问题。其中,分别在促进我国互联网的健康发展,维护国家安全和社会稳定,维护社会主义市场经济秩序和社会管理秩序,保护个人、法人和其他组织的合法权益方面做了规定。

(8)《中华人民共和国计算机信息网络国际联网管理暂行规定》,中华人民共和国国务院令第 195 号,1996 年 2 月 1 日发布,根据 1997 年 5 月 20 日《国务院关于修改＜中华人民共和国计算机信息网络国际联网管理暂行规定＞的决定》修正。

本规定的目的是为了加强对计算机信息网络国际联网的管理,保障国际计算机信息交流的健康发展。计算机信息网络的国际联网,关系到国家的网络安全,关系到国家主权和国防利益,对一个国家有至关重要的意义。

本规定对计算机信息网络国际联网的一些基本概念进行规定,例如互联单位、接入单位等,同时对通过什么来联网、联网的方式是什么,都有明确规定。也就是说不是用户想怎么接入都可以,而是有明确规定。

(9)《中华人民共和国计算机信息网络国际联网管理暂行规定实施办法》,1997 年 12 月 8 日国务院信息化工作领导小组审定。

本办法是为了加强对计算机信息网络国际联网的管理,保障国际计算机信息交流的健康发展,根据《中华人民共和国计算机信息网络国际联网管理暂行规定》而制定。

本办法的颁布主要是有利于暂行规定更有效地实施。同时也细化了对国际联网进行管理的规定与罚则。

(10)《计算机信息网络国际联网安全保护管理办法》,公安部令第 33 号,1997 年 12 月 11 日国务院批准,1997 年 12 月 30 日公安部发布。本办法是根据《中华人民共和国计算机信息系统安全保护条例》、《中华人民共和国计算机信息网络国际联网管理暂行规定》和其他法律、行政法规的规定制定的。国务院第 147 号令主要的目的是保护计算机信息系统自身的安全,国务院第 195 号令是为了加强对计算机信息网络国际联网的管理,而本办法是为了加强对计算机信息网络国际联网的安全保护,维护公共秩序和社会稳定。

网络安全保卫部门对网络安全进行监督管理时,在行政法规中,本办法是最常用的部门规章之一,可操作性比较强,各地网监部门在行政管理方面的工作,很大程度上依据本办法。对于某些行为不能依据《刑法》285 条、第 286 条、第 287 条或者《治安管理处罚法》第 29 条中的规定进行处罚时,可以根据本办法进行处罚。本规章涉及的公共生活的内容比较多,管的比较多,管的比较细,甚至深圳的一名律师说本办法屡屡强奸民意。在实际工作中,网络安全保卫部门在日常工作中涉及的案件能够依据《刑法》或《治安管理处罚法》进行处罚的不是很多,很大程度上要依据本办法,可操作性很好。

(11)《计算机病毒防治管理办法》,2000 年 3 月 30 日公安部部长办公会议通过,2000 年 4 月 26 日发布施行。

本办法的目的是为了加强对计算机病毒的预防和治理,保护计算机信息系统安全,保障计算机的应用与发展，根据《中华人民共和国计算机信息系统安全保护条例》的规定而制定。本办法的适用范围是中华人民共和国境内的计算机信息系统以及未联网计算机的计算机病毒防治管理工作。同时，规定执法部门是公安部公共信息网络安全监察部门，主管全国的计算机病毒防治管理工作。地方各级公安机关具体负责本行政区域内的计算机病毒防治管理工作。

本办法规定了计算机病毒的定义，是指编制或者在计算机程序中插入的破坏计算机功能或者毁坏数据，影响计算机使用，并能自我复制的一组计算机指令或者程序代码。

(12)《互联网上网服务营业场所管理条例》，国务院令第363号，2002年8月14日国务院第62次常务会议通过，2002年11月15日施行。其前身是2001年4月3日信息产业部、公安部、文化部、国家工商行政管理局发布的《互联网上网服务营业场所管理办法》。

本条例的前身是办法，有一个事件促成了此条例在很短的时间内颁布。2002年6月16日凌晨，北京海淀区"蓝极速"网吧发生火灾，造成24人死亡，13人受伤。这个网吧的状况是这样的：网吧里铺着地毯，网吧里有煤气罐，可以为上网的人做饭，服务员也是自己做饭。网吧所在二层楼窗户被铁栅栏封起来。平常1小时3元，晚上12时至第二天早8时连续上网只需要12元。当时网吧管理混乱、经营无序、事故不断、良莠不齐。当时，有很多黑网吧就开在居民楼里，在巴掌大的地方摆几台计算机就是网吧了。有的网吧还设有单间，里面不仅有计算机，还有床和卫生间，甚至存在色情包间。网吧里会经常有赌博、色情、盗窃等治安及刑事案件发生。此条例加大了对网吧的管理力度，防止网吧过多过滥、接纳未成年人等违法违规经营，取缔黑网吧。

本条例的目的是为了加强对互联网上网服务营业场所的管理，规范经营者的经营行为，维护公众和经营者的合法权益，保障互联网上网服务经营活动健康发展，促进社会主义精神文明建设。

(13)《互联网安全保护技术措施规定》，公安部令第82号，2005年11月24日公安部部长办公会审议通过，于2005年12月13日正式颁布，并于2006年3月1日起实施。

本规定是与《计算机信息网络国际联网安全保护管理办法》配套的一部部门规章。本规定从保障和促进我国互联网发展出发，根据《计算机信息网络国际联网安全保护管理办法》的有关规定，对互联网服务单位和联网单位落实安全保护技术措施提出了明确、具体和可操作性的要求，保证了安全保护技术措施的科学、合理和有效地实施，有利于加强和规范互联网安全保护工作，提高互联网服务单位和联网单位的安全防范能力和水平，预防和制止网上违法犯罪活动。本规定的颁布对于保障我国互联网安全起到促进作用。

本规定是为加强和规范互联网安全技术防范工作，保障互联网网络安全和信息安全，促进互联网健康、有序发展，维护国家安全、社会秩序和公共利益，根据《计算机信息网络国际联网安全保护管理办法》而制定的。

本规定包括立法宗旨、适用范围、互联网服务单位和联网使用单位及公安机关的法律责任、安全保护技术措施要求、措施落实与监督、名词术语解释等6个方面的内容，共19条两千余字。主要内容如下：

① 明确了互联网安全保护技术措施是指保障互联网安全和信息安全、防范违法犯罪的技术设施和技术手段，并且规定了互联网安全保护技术措施负责落实的责任主体是互

联网服务提供者和联网使用单位，负责实施监督管理工作的责任主体是各级公安机关公共信息网络安全监察部门。

② 强调了互联网服务单位和联网使用单位要建立安全保护措施管理制度，保障安全保护技术措施的实施不得侵犯用户的通信自由和通信秘密，除法律和行政法规规定外，任何单位和个人未经用户同意不得泄露和公开用户注册信息。

③ 规定了互联网服务单位和联网使用单位应当落实的基本安全保护技术措施。安全保护技术措施主要包括防范计算机病毒、防范网络入侵攻击和防范有害垃圾信息传播，以及系统运行和用户上网登录时间和网络地址记录留存等技术措施要求。

④ 为了保证安全保护技术措施的科学合理和统一规范，规定安全保护技术措施应当符合国家标准或公共安全行业标准。为了防范网上计算机病毒、网络攻击和有害信息传播，规定了安全保护技术措施应当具有符合公共安全行业技术标准的联网接口。

⑤ 为保证安全保护技术措施的正常运行，明确了互联网服务单位和联网单位不得实施故意破坏安全保护技术措施、擅自改变措施功能和擅自删除、篡改措施运行记录等行为。

⑥ 明确了公安机关监督管理责任和规范了公安机关监督检查行为。《互联网安全保护技术措施规定》明确了公安机关应当依法对辖区内互联网服务单位和联网使用单位安全保护技术措施落实情况进行指导、监督和检查。

1.2 网络安全保卫部门业务类别

1.2.1 网络安全保卫部门职能介绍

网络安全保卫部门的职能是指导并组织实施公共信息网络和国际互联网的安全保护工作；指导并组织实施信息网络安全监察工作；负责互联网上网服务营业场所的审批、管理；参与研究拟定信息安全政策和技术规范；监控信息网络违法犯罪动态，提供犯罪案件证据，依法查处在计算机网络中制作、复制、查阅、传播有害信息和计算机违法犯罪案件；防范计算机信息泄密、计算机病毒及其他计算机灾害事故的发生等。具体职责如下。

(1) 组织、协调、指导和参与对计算机及互联网违法犯罪案件的侦察、查处工作，收集犯罪证据，对犯罪案件的证据进行技术鉴定；

(2) 负责指导、组织实施公共信息网络和国际互联网的安全管理、监察和保护等工作；

(3) 负责组织、指导和参与对计算机信息泄露、计算机病毒传播及其他计算机灾害事故的防范、处置工作；

(4) 负责计算机信息系统安全专用产品销售的监督管理等工作；

(5) 负责互联网用户的备案工作；

(6) 负责互联网上网服务营业场所(网吧等)的计算机安全保护和管理工作；

(7) 监督、指导和检查重点计算机信息单位的安全保护工作；

(8) 负责计算机安全员的培训和管理工作;

(9) 贯彻实施和研究信息安全对策和技术规范;

(10) 其他事项。

1.2.2　网络安全保卫部门业务类别概述

(1) 网络案件侦查部门：主要职能是侦破对信息网络的违法犯罪案件，网上情报侦查、对网络犯罪线索进行前期侦查，对其他部门的案件进行协查等。

(2) 情报部门：主要职责是在海量的网络信息当中检索抽取有价值的信息等。

(3) 情报研判部门：主要职责是处理组织情报部门所抽取的有价值的信息。

(4) 综合技术部门：主要职责是计算机的司法分析与检验工作。

(5) 管理部门：主要职能是负责互联网上网服务营业场所(网吧等)的计算机安全保护、监管与备案工作，对网吧的日常检查与执法；网站的监管、管理与备案工作；信息系统安全等级保护工作的开展、备案、监督与管理工作。现在，很多地方比较重视信息系统安全等级保护工作的开展，把等级保护部门单独划出来作为一个独立的部门。

习　　题

一、判断题

1.《全国人大常委会关于维护互联网安全的决定》分别从保障互联网的运行安全；维护国家安全和社会稳定；维护社会主义市场经济秩序和社会管理秩序；保护个人、法人和其他组织的人身、财产等合法权利 4 个方面，明确规定了对侵犯上述合法权益、构成犯罪的行为，依照刑法有关规定追究刑事责任，并规定了相应的行政责任和民事责任。(　　)

2.《全国人大常委会关于维护互联网安全的决定》是 2000 年 12 月 28 日第九届全国人民代表大会常务委员会第十九次会议通过的。(　　)

3.《治安管理处罚法》中与网上违法行为处罚相关的条款有 7 类 12 条。(　　)

4.《治安管理处罚法》第 69 条是有关网上淫秽色情类违法行为处罚条款。(　　)

5. 公安部主管全国计算机信息系统安全保护工作。(　　)

6. 国务院信息化工作办公室主管全国计算机信息系统安全保护工作。(　　)

7. 工业和信息化部主管全国计算机信息系统安全保护工作。(　　)

8. 中国互联网络信息中心主管全国计算机信息系统安全保护工作。(　　)

9.《中华人民共和国计算机信息系统安全保护条例》赋予了公安机关“监督、检查、指导计算机信息系统安全保护工作”的监管职责。(　　)

10.《中华人民共和国计算机信息系统安全保护条例》赋予了公安机关“查处危害计算机信息系统的违法犯罪案件”的监管职责。(　　)

11. 全国计算机信息系统安全保护工作的主管部门是工业和信息化部。(　　)

12. 公安部主管全国计算机信息系统安全保护工作。(　　)

13. 国务院信息化工作领导小组主管全国计算机信息系统安全保护工作。(　　)

14. 计算机病毒不属于《中华人民共和国计算机信息系统安全保护条例》中所称的

“有害数据”。 （ ）

15.《中华人民共和国计算机信息系统安全保护条例》中所称的“有害数据”指的是计算机信息系统及其存储介质中存在、出现的，以计算机程序、图像、文字、声音等多种形式表示的，含有攻击人民民主专政、社会主义制度，攻击党和国家领导人，破坏民族团结等危害国家安全内容的信息；含有宣扬封建迷信、淫秽色情、凶杀、教唆犯罪等危害社会治安秩序内容的信息，以及危害计算机信息系统运行和功能发挥，应用软件、数据可靠性、完整性和保密性，用于违法活动的计算机程序(含计算机病毒)。 （ ）

16. 计算机信息系统及其存储介质中存在、出现的，以计算机程序、图像、文字、声音等多种形式表示的，含有攻击人民民主专政、社会主义制度，攻击党和国家领导人，破坏民族团结等危害国家安全内容的信息属于《中华人民共和国计算机信息系统安全保护条例》中所称的“有害数据”。 （ ）

17. 含有宣扬封建迷信、淫秽色情、凶杀、教唆犯罪等危害社会治安秩序内容的信息属于《中华人民共和国计算机信息系统安全保护条例》中所称的“有害数据”。 （ ）

18. 危害计算机信息系统运行和功能发挥，应用软件、数据可靠性、完整性和保密性，用于违法活动的计算机程序属于《中华人民共和国计算机信息系统安全保护条例》中所称的“有害数据”。 （ ）

19. 计算机病毒不属于《中华人民共和国计算机信息系统安全保护条例》中所称的“有害数据”。 （ ）

二、选择题

1. 以下(　)不是《中华人民共和国计算机信息系统安全保护条例》赋予公安机关的权力。

A. 监督、检查、指导计算机信息系统安全保护工作

B. 查处危害计算机信息系统的违法犯罪案件

C. 销售信息系统安全保护产品

D. 履行计算机信息系统安全保护工作的其他监督职责

2. (　)主管全国计算机信息系统安全保护工作。

A. 工业和信息化部　　B. 国务院信息化工作办公室

C. 中国互联网络信息中心　　D. 公安部

3. 为了保护(　　)的安全，促进计算机的应用和发展，保障社会主义现代化建设的顺利进行，我国于1994年制定了《中华人民共和国计算机信息系统安全保护条例》。

A. 计算机数据　　B. 计算机系统

C. 计算机信息系统　　D. 计算机行业

4.《中华人民共和国计算机信息系统安全保护条例》赋予公安机关的监管职责有(　　)。

A. 赋予公安部“主管全国计算机信息系统安全保护工作”

B. 赋予公安机关“监督、检查、指导计算机信息系统安全保护工作”

C. 赋予公安机关“查处危害计算机信息系统的违法犯罪案件”

D. 赋予公安机关“履行计算机信息系统安全保护工作的其他监督职责”

E. 赋予公安机关“销售信息系统安全保护产品”

5.《中华人民共和国计算机信息系统安全保护条例》中所称的“有害数据”是指计算机信息系统及其存储介质中存在、出现的，以计算机程序、图像、文字、声音等多种形式表示的，(　　)等信息。

A. 含有攻击人民民主专政、社会主义制度，攻击党和国家领导人，破坏民族团结等危害国家安全内容的信息

B. 含有宣扬封建迷信、淫秽色情、凶杀、教唆犯罪等危害社会治安秩序内容的信息

C. 危害计算机信息系统运行和功能发挥，应用软件、数据可靠性、完整性和保密性，用于违法活动的计算机程序

D. 计算机病毒

第2章 计算机信息网络国际联网安全管理

2.1 计算机信息网络的基本概念

计算机信息网络国际联网(以下简称国际联网),是指中华人民共和国境内的计算机信息网络为实现信息的国际交流,同外国的计算机信息网络相连接。

互联网络,是指直接进行国际联网的计算机信息网络。互联单位,是指负责互联网络运行的单位。

已经建立的中国公用计算机互联网、中国金桥信息网、中国教育和科研计算机网、中国科学技术网等4个互联网络,分别由邮电部、电子工业部、国家教育委员会和中国科学院管理。中国公用计算机互联网、中国金桥信息网为经营性互联网络;中国教育和科研计算机网、中国科学技术网为公益性互联网络。经营性互联网络应当享受同等的资费政策和技术支撑条件。公益性互联网络是指为社会提供公益服务的,不以盈利为目的的互联网络。

接入网络,是指通过接入互联网进行国际联网的计算机信息网络。接入单位,是指负责接入网络运行的单位,例如,电信、网通、联通等。

专业计算机信息网络,是指为行业服务的专用计算机信息网络,例如,专门为公安、银行、军队服务的网络。

企业计算机信息网络,是指企业内部自用的计算机信息网络。

2.2 计算机信息网络国际联网的方式

中华人民共和国境内的计算机信息网络进行国际联网如何能够与外国的计算机信息网络进行国际连接呢?也就是说,我们是如何实现上网的呢?通过哪些中间环节接入互联网?

我国境内的计算机信息网络直接进行国际联网,必须使用邮电部国家公用电信网提供的国际出入口信道。任何单位和个人不得自行建立或者使用其他信道进行国际联网。互联网络必须通过邮电部国家公用电信网提供的国际出入口信道进行国际互联。接入网络必须通过互联网进行国际联网,不得以其他方式进行国际联网。个人、法人和其他组织用户使用的计算机或者计算机信息网络必须通过接入网络进行国际联网，不得以其他方式进行国际联网。即国内的计算机用户——接入网络——互联网——国际出入口信道——外国的计算机信息网络。具体如图 2-1 所示。

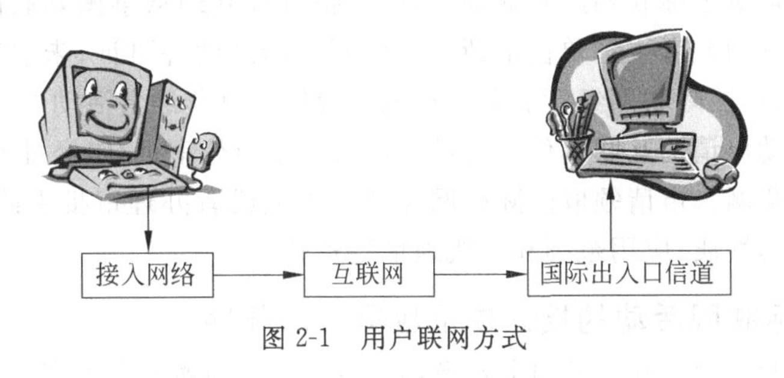

图 2-1　用户联网方式

2.3　计算机信息网络国际联网互联单位、接入单位

国家对国际联网的建设布局、资源利用进行统筹规划。国际联网采用国家统一制定的技术标准、安全标准、资费政策，以利于提高服务质量和水平。国际联网实行分级管理，即：对互联单位、接入单位、用户实行逐级管理；对国际出入口信道统一管理。国家鼓励在国际联网服务中公平、有序地竞争，提倡资源共享，促进健康发展。中国互联网络信息中心提供互联网络地址、域名、网络资源目录管理和有关的信息服务。

1. 计算机信息网络国际联网互联单位的安全管理

我国境内的计算机信息网络直接进行国际联网，必须使用邮电部国家公用电信网提供的国际出入口信道。任何单位和个人不得自行建立或者使用其他信道进行国际联网。

国际出入口信道提供单位、互联单位和接入单位必须建立网络管理中心，健全管理制度，做好网络信息安全管理工作。

互联单位应当与接入单位签订协议，加强对本网络和接入网络的管理；负责接入单位有关国际联网的技术培训和管理教育工作；为接入单位提供公平、优质、安全的服务；按照国家有关规定向接入单位收取联网接入费用。

新建互联网络，必须经部（委）级行政主管部门批准后，向国务院信息化工作领导小组提交互联单位申请书和互联网络可行性报告，由国务院信息化工作领导小组审议提出意见并报国务院批准。

互联网络可行性报告的主要内容应当包括：网络服务性质和范围、网络技术方案、经济分析、管理办法和安全措施等。

互联单位应当遵守国家有关法律、行政法规，严格执行国家安全保密制度；不得利用国际联网从事危害国家安全、泄露国家秘密等违法犯罪活动，不得制作、查阅、复制和传播妨碍社会治安和淫秽色情等有害信息；发现有害信息应当及时向有关主管部门报告，并采取有效措施，不得使其扩散。

2. 计算机信息网络国际联网接入单位的安全管理

接入单位拟从事国际联网经营活动的，应当报有权受理从事国际联网经营活动申请的互联单位主管部门或者主管单位申请领取国际联网经营许可证；未取得国际联网经营许可证的，不得从事国际联网经营业务。接入单位拟从事非经营活动的，应当报经有权受理从事非经营活动申请的互联单位主管部门或者主管单位审批；未经批准的，不得接入互联网络进行国际联网。申请领取国际联网经营许可证或者办理审批手续时，应当提供其计算机信息网络的性质、应用范围和主机地址等资料。

3. 从事国际联网活动的接入单位应具备的条件

从事国际联网经营活动和从事非经营活动的接入单位都必须具备下列条件：

(1) 是依法设立的企业法人或者事业法人；

(2) 具有相应的计算机信息网络、装备以及相应的技术人员和管理人员；

(3) 具有健全的安全保密管理制度和技术保护措施；

(4) 符合法律和国务院规定的其他条件。

接入单位从事国际联网经营活动的，除必须具备本条上述条件外，还应当具备为用户提供长期服务的能力。

从事国际联网经营活动的接入单位的情况发生变化，不再符合本条上述条件的，其国际联网经营许可证由发证机构予以吊销；从事非经营活动的接入单位的情况发生变化，不再符合本条上述条件的，其国际联网资格由审批机构予以取消。

4. 从事国际联网活动的接入单位的审批条件

接入单位必须具备《中华人民共和国计算机信息网络国际联网管理暂行规定》第九条规定的条件，并向互联单位主管部门或者主管单位提交接入单位申请书和接入网络可行性报告。互联单位主管部门或者主管单位应当在收到接入单位申请书后 20 个工作日内，将审批意见以书面形式通知申请单位。接入网络可行性报告的主要内容应当包括网络服务性质和范围、网络技术方案、经济分析、管理制度和安全措施等。

对从事国际联网经营活动的接入单位(以下简称经营性接入单位)实行国际联网经营许可证(以下简称经营许可证)制度。经营许可证由经营性互联单位主管部门颁发，报国务院信息化工作领导小组办公室备案。互联单位主管部门对经营性接入单位实行年检制度。

跨省(区)、市经营的接入单位应当向经营性互联单位主管部门申请领取国际联网经营许可证。在本省(区)、市内经营的接入单位应当向经营性互联单位主管部门或者经其授权的省级主管部门申请领取国际联网经营许可证。

经营性接入单位凭经营许可证到国家工商行政管理机关办理登记注册手续，向提供电信服务的企业办理所需通信线路手续。提供电信服务的企业应当在 30 个工作日内为接入单位提供通信线路和相关服务。

接入单位应当服从互联单位和上级接入单位的管理；与下级接入单位签订协议，与用户签订用户守则，加强对下级接入单位和用户的管理；负责下级接入单位和用户的管理教育、技术咨询和培训工作；为下级接入单位和用户提供公平、优质、安全的服务；按照国家有关规定向下级接入单位和用户收取费用。

5. 互联单位、接入单位、使用计算机信息网络国际联网备案手续

互联单位、接入单位、使用计算机信息网络国际联网的法人和其他组织(包括跨省、自治区、直辖市联网的单位和所属的分支机构)，应当自网络正式联通之日起 30 日内，到所在地的省、自治区、直辖市人民政府公安机关指定的受理机关办理备案手续。

以上单位应当负责将接入本网络的接入单位和用户情况报当地公安机关备案，并及时报告本网络中接入单位和用户的变更情况。

涉及国家事务、经济建设、国防建设、尖端科学技术等重要领域的单位办理备案手续时，应当出具其行政主管部门的审批证明。以上单位的计算机信息网络与国际联网应当采取相应的安全保护措施。

6. 用户的通信自由和通信秘密受法律保护

任何单位不得违反法律规定，利用国际联网侵犯用户的通信自由和通信秘密。通信自由不仅限于境内网站，还包括即时通信软件，如 QQ、ICP、MSN、泡泡等。

7. 从事国际联网业务的单位应当接受公安机关的安全监督、检查和指导

从事国际联网业务的单位应如实向公安机关提供有关安全保护的信息、资料及数据文件，协助公安机关查处通过国际联网的计算机信息网络的违法犯罪行为。公安机关如果需要调查某个重点嫌疑人的资料，相关网站就应该提供相应资料，包括用户名、密码、传输的文件等。

从事国际联网业务的单位包括互联单位、接入单位、IDC、网站(不论是单位开设的网站还是个人开设的网站)等。

所谓“有关安全保护的信息、资料及数据文件”是指：①用户注册登记、使用与变更情况(含用户账号、IP 与 E-mail 地址等)。例如，上网人员注册电子邮件账户的信息等。②IP 地址分配、使用及变更情况。例如，用户在接入单位的登记信息和 IP 分配情况。③网页栏目设置与变更及栏目负责人情况。网页栏目包括汽车、娱乐、教育等。④网络服务功能设置情况。电子邮箱、浏览新闻、搜索引擎、浏览网页(非新闻类)、在线音乐(含下载)、即时通信、论坛/BBS/讨论组和在线影视(含下载)是互联网的八大热门的服务。这其中既有传统的服务，如新闻与非新闻类的网页浏览、搜索引擎、电子邮箱、即时通信以及论坛/BBS，也有随着宽带时代来临出现的在线音乐与在线影视、博客、微博等。⑤与安全保护相关的其他信息。

2.4 计算机信息网络国际联网使用单位的安全管理

进行国际联网的专业计算机信息网络不得经营国际互联网络业务。企业计算机信息网络和其他通过专线进行国际联网的计算机信息网络，只限于内部使用。负责专业

计算机信息网络、企业计算机信息网络和其他通过专线进行国际联网的计算机信息网络运行的单位，应当参照本办法建立网络管理中心，健全管理制度，做好网络信息安全管理工作。

任何单位不得利用国际联网危害国家安全、泄露国家秘密，不得侵犯国家的、社会的、集体的利益和公民的合法权益，不得从事违法犯罪活动。

计算机信息网络国际联网互联单位、接入单位和使用单位的行为规范如下。

(1) 任何单位不得利用国际联网制作、复制、查阅和传播下列信息。

① 煽动抗拒、破坏宪法和法律、行政法规实施的；

② 煽动颠覆国家政权，推翻社会主义制度的；

③ 煽动分裂国家、破坏国家统一的；

④ 煽动民族仇恨、民族歧视，破坏民族团结的；

⑤ 捏造或者歪曲事实，散布谣言，扰乱社会秩序的；

⑥ 宣扬封建迷信、淫秽、色情、赌博、暴力、凶杀、恐怖，教唆犯罪的；

⑦ 公然侮辱他人或者捏造事实诽谤他人的；

⑧ 损害国家机关信誉的；

⑨ 其他违反宪法和法律、行政法规的。

(2) 任何单位不得从事下列危害计算机信息网络安全的活动。

① 未经允许，进入计算机信息网络或者使用计算机信息网络资源的；

② 未经允许，对计算机信息网络功能进行删除、修改或者增加的；

③ 未经允许，对计算机信息网络中存储、处理或者传输的数据和应用程序进行删除、修改或者增加的；

④ 故意制作、传播计算机病毒等破坏性程序的；

⑤ 其他危害计算机信息网络安全的。

(3) 用户的通信自由和通信秘密受法律保护。任何单位不得违反法律规定，利用国际联网侵犯用户的通信自由和通信秘密。通信自由不仅限于境内网站，还包括即时通信软件，如QQ、ICP、MSN、泡泡等。

(4) 从事国际联网业务的单位应当接受公安机关的安全监督、检查和指导，如实向公安机关提供有关安全保护的信息、资料及数据文件，协助公安机关查处通过国际联网的计算机信息网络的违法犯罪行为。公安机关如果需要调查某个重点嫌疑人的资料，相关网站就应该提供相应资料，包括用户名、密码、传输的文件等。

从事国际联网业务的单位包括互联单位、接入单位、IDC、网站(不论是单位开设的网站还是个人开设的网站)等。

所谓"有关安全保护的信息、资料及数据文件"是指：

① 用户注册登记、使用与变更情况(含用户账号、IP与E-mail地址等)。例如，上网人员注册电子邮件账户的信息等。

② IP地址分配、使用及变更情况。例如，用户在接入单位登记信息和IP分配情况。

③ 网页栏目设置与变更及栏目负责人情况。网页栏目包括汽车、娱乐、教育等。

④ 网络服务功能设置情况。电子邮箱、浏览新闻、搜索引擎、浏览网页(非新闻类)、

在线音乐（含下载）、即时通信、论坛/BBS/讨论组和在线影视（含下载）是互联网的 8 大热门的服务。这其中既有传统的服务，如新闻与非新闻类的网页浏览、搜索引擎、电子邮箱、即时通信以及论坛/BBS，也有随着宽带时代来临出现的在线音乐与在线影视、博客、微博等。

⑤ 与安全保护相关的其他信息。

（5）互联单位、接入单位及使用计算机信息网络国际联网的法人和其他组织应当履行下列安全保护职责。

① 负责本网络的安全保护管理工作，建立健全安全保护管理制度。

所谓“安全保护管理制度”是指：信息发布审核、登记制度；信息监视、保存、清除和备份制度；病毒检测和网络安全漏洞检测制度；违法案件报告和协助查处制度；账号使用登记和操作权限管理制度；安全管理人员岗位工作职责；安全教育和培训制度；其他与安全保护相关的管理制度。

② 落实安全保护技术措施，保障本网络的运行安全和信息安全。

所谓“安全保护技术措施”是指：具有保存三个月以上系统网络运行日志和用户使用日志记录功能，内容包括 IP 地址分配及使用情况，交互式信息发布者、主页维护者、邮箱使用者和拨号用户上网的起止时间和对应 IP 地址，交互式栏目的信息等；具有安全审计或预警功能；开设邮件服务的，具有垃圾邮件清理功能；开设交互式信息栏目的，具有身份登记和识别确认功能；计算机病毒防护功能；其他保护信息和系统网络安全的技术措施。

③ 负责对本网络用户的安全教育和培训。

④ 对委托发布信息的单位和个人进行登记，并对所提供的信息内容按照本办法第五条进行审核。

⑤ 建立计算机信息网络电子公告系统的用户登记和信息管理制度。

⑥ 发现有害信息、有害操作等情况的，应当保留有关原始记录，并在 24 小时内向当地公安机关报告。

所谓“有关原始记录”是指：有关信息或行为在网上出现或发生时，计算机记录、存储的所有相关数据，包括时间、内容（如图像、文字、声音等）、来源（如源 IP 地址、E-mail 地址等）及系统网络运行日志、用户使用日志等。

⑦ 按照国家有关规定，删除本网络中含有本办法第五条内容的地址、目录或者关闭服务器。

2.5　公安机关的检查监督工作

省、自治区、直辖市公安厅（局），地（市）、县（市）公安局，应当有相应机构负责国际联网的安全保护管理工作。

公安机关计算机管理监察机构应当掌握互联单位、接入单位和用户的备案情况，建立备案档案，进行备案统计，并按照国家有关规定逐级上报。

公安机关计算机管理监察机构应当督促互联单位、接入单位及有关用户建立健全安全保护管理制度。监督、检查网络安全保护管理以及技术措施的落实情况。

公安机关计算机管理监察机构在组织安全检查时，有关单位应当派人参加。公安机关计算机管理监察机构对安全检查发现的问题，应当提出改进意见，作出详细记录，存档备查。

公安机关计算机管理监察机构发现含有有害信息内容的地址、目录或者服务器时，应当通知有关单位关闭或者删除。

公安机关计算机管理监察机构应当负责追踪和查处通过计算机信息网络的违法行为和针对计算机信息网络的犯罪案件，对违法犯罪行为，应当按照国家有关规定移送有关部门或者司法机关处理。

2.6 计算机信息网络国际联网单位违法行为的处罚规定

(1) 根据《中华人民共和国计算机信息网络国际联网管理暂行规定》第十三条，从事国际联网业务的单位和个人，应当遵守国家有关法律、行政法规，严格执行安全保密制度，不得利用国际联网从事危害国家安全、泄露国家秘密等违法犯罪活动，不得制作、查阅、复制和传播妨碍社会治安的信息和淫秽色情等信息。

(2)《中华人民共和国计算机信息网络国际联网管理暂行规定》第六条规定：计算机信息网络直接进行国际联网，必须使用邮电部国家公用电信网提供的国际出入口信道。

任何单位和个人不得自行建立或者使用其他信道进行国际联网。

根据《中华人民共和国计算机信息网络国际联网管理暂行规定》第十四条，违反本规定第六条的规定的，由公安机关责令停止联网，给予警告，可以并处 15 000 元以下的罚款；有违法所得的，没收违法所得。

(3)《中华人民共和国计算机信息网络国际联网管理暂行规定》第八条规定：接入网络必须通过互联网进行国际联网。

接入单位拟从事国际联网经营活动的，应当报有权受理从事国际联网经营活动申请的互联单位主管部门或者主管单位申请领取国际联网经营许可证；未取得国际联网经营许可证的，不得从事国际联网经营业务。

接入单位拟从事非经营活动的，应当报经有权受理从事非经营活动申请的互联单位主管部门或者主管单位审批；未经批准的，不得接入互联网进行国际联网。

申请领取国际联网经营许可证或者办理审批手续时，应当提供其计算机信息网络的性质、应用范围和主机地址等资料。

国际联网经营许可证的格式，由领导小组统一制定。

根据《中华人民共和国计算机信息网络国际联网管理暂行规定》第十四条，违反本规定第八条的规定的，由公安机关责令停止联网，给予警告，可以并处 15 000 元以下的罚款；有违法所得的，没收违法所得。

(4)《中华人民共和国计算机信息网络国际联网管理暂行规定》第十条规定：个人、

法人和其他组织(以下统称用户)使用的计算机或者计算机信息网络,需要进行国际联网的,必须通过接入网络进行国际联网。

前款规定的计算机或者计算机信息网络,需要接入网络的,应当征得接入单位的同意,并办理登记手续。

根据《中华人民共和国计算机信息网络国际联网管理暂行规定》第十四条,违反本规定第十条的规定的,由公安机关责令停止联网,给予警告,可以并处 15 000 元以下的罚款;有违法所得的,没收违法所得。

(5) 根据《中华人民共和国计算机信息网络国际联网管理暂行规定》第十五条,违反本规定,同时触犯其他有关法律、行政法规的,依照有关法律、行政法规的规定予以处罚;构成犯罪的,依法追究刑事责任。

(6)《中华人民共和国计算机信息网络国际联网管理暂行规定实施办法》第七条规定:我国境内的计算机信息网络直接进行国际联网,必须使用邮电部国家公用电信网提供的国际出入口信道。

任何单位和个人不得自行建立或者使用其他信道进行国际联网。

第十条规定:接入网络必须通过互联网进行国际联网,不得以其他方式进行国际联网。

接入单位必须具备《暂行规定》第九条规定的条件,并向互联单位主管部门或者主管单位提交接入单位申请书和接入网络可行性报告。互联单位主管部门或者主管单位应当在收到接入单位申请书后 20 个工作日内,将审批意见以书面形式通知申请单位。

接入网络可行性报告的主要内容应当包括网络服务性质和范围、网络技术方案、经济分析、管理制度和安全措施等。

根据《中华人民共和国计算机信息网络国际联网管理暂行规定实施办法》第二十二条,违反本办法第七条和第十条第一款规定的,由公安机关责令停止联网,可以并处 15 000 元以下罚款;有违法所得的,没收违法所得。

(7)《中华人民共和国计算机信息网络国际联网管理暂行规定实施办法》第十一条规定:对从事国际联网经营活动的接入单位(以下简称经营性接入单位)实行国际联网经营许可证(以下简称经营许可证)制度。经营许可证的格式由国务院信息化工作领导小组统一制定。

经营许可证由经营性互联单位主管部门颁发,报国务院信息化工作领导小组办公室备案。互联单位主管部门对经营性接入单位实行年检制度。

跨省(区)、市经营的接入单位应当向经营性互联单位主管部门申请领取国际联网经营许可证。在本省(区)、市内经营的接入单位应当向经营性互联单位主管部门或者经其授权的省级主管部门申请领取国际联网经营许可证。

经营性接入单位凭经营许可证到国家工商行政管理机关办理登记注册手续,向提供电信服务的企业办理所需通信线路手续。提供电信服务的企业应当在 30 个工作日内为接入单位提供通信线路和相关服务。

根据《中华人民共和国计算机信息网络国际联网管理暂行规定实施办法》第二十二条,违反本办法第十一条规定的,未领取国际联网经营许可证从事国际联网经营活动的,由公安机关给予警告,限期办理经营许可证;在限期内不办理经营许可证的,责令停止联网;有违法所得的,没收违法所得。

(8)《中华人民共和国计算机信息网络国际联网管理暂行规定实施办法》第十二条规定:个人、法人和其他组织用户使用的计算机或者计算机信息网络必须通过接入网络进行国际联网,不得以其他方式进行国际联网。

根据《中华人民共和国计算机信息网络国际联网管理暂行规定实施办法》第二十二条,违反本办法第十二条规定的,对个人由公安机关处5000元以下的罚款;对法人和其他组织用户由公安机关给予警告,可以并处15 000元以下的罚款。

(9)《中华人民共和国计算机信息网络国际联网管理暂行规定实施办法》第十八条第一款规定:用户应当服从接入单位的管理,遵守用户守则;不得擅自进入未经许可的计算机系统,篡改他人信息;不得在网络上散发恶意信息,冒用他人名义发出信息,侵犯他人隐私;不得制造、传播计算机病毒及从事其他侵犯网络和他人合法权益的活动。

根据《中华人民共和国计算机信息网络国际联网管理暂行规定实施办法》第二十二条,违反本办法第十八条第一款规定的,由公安机关根据有关法规予以处罚。

(10)《中华人民共和国计算机信息网络国际联网管理暂行规定实施办法》第二十一条规定:进行国际联网的专业计算机信息网络不得经营国际互联网络业务。企业计算机信息网络和其他通过专线进行国际联网的计算机信息网络,只限于内部使用。负责专业计算机信息网络、企业计算机信息网络和其他通过专线进行国际联网的计算机信息网络运行的单位,应当参照本办法建立网络管理中心,健全管理制度,做好网络信息安全管理工作。

根据《中华人民共和国计算机信息网络国际联网管理暂行规定实施办法》第二十二条,违反本办法第二十一条第一款规定的,由公安机关给予警告,可以并处15 000元以下的罚款;有违法所得的,没收违法所得。违反本办法第二十一条第二款规定的,由公安机关给予警告,可以并处15 000元以下的罚款;有违法所得的,没收违法所得。

(11)根据《中华人民共和国计算机信息网络国际联网管理暂行规定实施办法》第二十三条,违反《暂行规定》及本办法,同时触犯其他有关法律、行政法规的,依照有关法律、法规的规定予以处罚;构成犯罪的,依法追究刑事责任。

(12)《计算机信息网络国际联网安全保护管理办法》第十二条规定:互联单位、接入单位、使用计算机信息网络国际联网的法人和其他组织(包括跨省、自治区、直辖市联网的单位和所属的分支机构),应当自网络正式联通之日起30日内,到所在地的省、自治区、直辖市人民政府公安机关指定的受理机关办理备案手续。

前款所列单位应当负责将接入本网络的接入单位和用户情况报当地公安机关备案,并及时报告本网络中接入单位和用户的变更情况。

根据《计算机信息网络国际联网安全保护管理办法》第二十三条,违反本办法第十一条、第十二条规定,不履行备案职责的,由公安机关给予警告或者停机整顿不超过6个月的处罚。

习　题

一、判断题

1. 任何单位和个人不得自行建立或者使用其他信道进行国际联网。否则，由公安机关责令停止联网，可以并处 15 000 元以下罚款；有违法所得的，没收违法所得。（　）

2. 任何单位和个人可以自行建立或者使用其他信道进行国际联网。（　）

3. 个人、法人和其他组织用户使用的计算机或者计算机信息网络没有通过接入网络进行国际联网的，对个人由公安机关处 5000 元以下的罚款；对法人和其他组织用户由公安机关给予警告，可以并处 15 000 元以下的罚款。（　）

4. “自行建立或者使用其他信道进行国际联网的”，公安机关根据《中华人民共和国计算机信息网络国际联网管理暂行规定》加以处罚。（　）

5. “未按规定通过互联网络进行国际联网的”，公安机关根据《中华人民共和国计算机信息网络国际联网管理暂行规定》加以处罚。（　）

6. “未按规定通过接入网络进行国际联网”，公安机关根据《中华人民共和国计算机信息网络国际联网管理暂行规定》加以处罚。（　）

7. 单位和个人的计算机信息网络直接进行国际联网时，可以自由选择信道进行国际联网。（　）

8. 安全教育和培训制度是互联网联网单位、接入服务和信息服务单位应当落实的一种安全保护管理制度。（　）

9. 异常情况及违法犯罪案件报告和协助查处制度是互联网联网单位、接入服务和信息服务单位应当落实的安全保护管理制度之一。（　）

10. 病毒和网络安全漏洞检测是用户个人的事情，不属于互联网联网单位、接入服务和信息服务单位应当落实的一种安全保护管理制度。（　）

11. 账号使用登记和操作权限管理是《计算机信息网络国际联网安全保护管理办法》中规定的安全保护管理内容之一。（　）

12. 违法案件报告和协助查处制度是《计算机信息网络国际联网安全保护管理办法》中规定的一项安全保护管理制度。（　）

13. 严禁电子邮件服务机构将用户的 E-mail 地址有偿转让给第三方，是《计算机信息网络国际联网安全保护管理办法》中规定的一项重要安全保护管理制度。（　）

14. 基于免疫的网络风险检测与预警是《计算机信息网络国际联网安全保护管理办法》中所提到的一项安全保护技术措施。（　）

15. 中华人民共和国境内的计算机信息网络进行国际联网，应当依照《互联网信息服务管理办法》进行办理。（　）

16. 中华人民共和国境内的计算机信息网络进行国际联网，应当依照《中华人民共和国计算机信息网络国际联网管理暂行规定实施办法》进行办理。（　）

17. 中华人民共和国境内的计算机信息网络进行国际联网，应当依照《计算机信息网络国际联网安全保护管理办法》进行办理。（　）

18. 中华人民共和国境内的计算机信息网络进行国际联网，应当依照《全国人民代表大会常务委员会关于维护互联网安全的决定》进行办理。 （ ）

19. 中华人民共和国境内的计算机信息网络进行国际联网，应当依照《中国公用计算机互联网国际联网管理办法》进行办理。 （ ）

20.《中华人民共和国计算机信息网络国际联网管理暂行规定实施办法》规定的企业计算机信息网络，是指企业内部和外部相连接的计算机信息网络。 （ ）

21. 根据《中华人民共和国计算机信息网络国际联网管理暂行规定实施办法》第二十二条，对未使用国家公用电信网提供的国际出入口信道，或者自行建立或使用其他信道直接进行国际联网的，由公安机关责令停止联网，可以并处15 000元以下罚款。 （ ）

22. 对未使用国家公用电信网提供的国际出入口信道，或者自行建立或使用其他信道直接进行国际联网的，根据《中华人民共和国计算机信息网络国际联网管理暂行规定实施办法》第二十二条之规定，由公安机关责令停止联网，可以并处15 000元以下罚款；有违法所得的，没收违法所得。 （ ）

23. 对未使用国家公用电信网提供的国际出入口信道，或者自行建立或使用其他信道直接进行国际联网的，根据《中华人民共和国计算机信息网络国际联网管理暂行规定实施办法》第二十二条之规定，由公安机关责令停止联网，可以并处5000元以下罚款；有违法所得的，没收违法所得。 （ ）

24. 使用ADSL接入互联网的，根据《中华人民共和国计算机信息网络国际联网管理暂行规定实施办法》第二十二条之规定，由公安机关责令停止联网，可以并处15 000元以下罚款；有违法所得的，没收违法所得。 （ ）

二、选择题

1. 任何单位和个人不得自行建立或者使用其他信道进行国际联网。否则，由公安机关责令停止联网，可以并处（ ）元以下罚款；有违法所得的，没收违法所得。

A. 5000　　B. 10 000　　C. 15 000　　D. 20 000

2. 使用的计算机或者计算机信息网络没有通过接入网络进行国际联网的，对个人由公安机关处（ ）元以下的罚款。

A. 5000　　B. 4000　　C. 3000　　D. 2000

3. 使用的计算机或者计算机信息网络没有通过接入网络进行国际联网的，对法人和其他组织用户由公安机关给予警告，可以并处（ ）元以下的罚款。

A. 10 000　　B. 15 000　　C. 20 000　　D. 25 000

4. （ ）是指直接进行国际联网的计算机信息网络。

A. 互联网　　B. 接入网络　　C. 企业网　　D. 广域网

5. （ ）是指通过接入互联网进行国际联网的计算机信息网络。

A. 因特网　　B. 万维网　　C. 接入网络　　D. 广域网

6. 中国香港特别行政区和台湾、澳门地区联网的计算机信息网络的安全保护管理，（ ）参照《计算机信息网络国际联网安全保护管理办法》执行。

A. 不能　　B. 可以　　C. 应该　　D. 必须

7. 中华人民共和国境内的计算机信息网络进行国际联网，应当依照（ ）进行办理。

A.《关于维护互联网安全的决定》

B.《中华人民共和国计算机信息网络国际联网管理暂行规定实施办法》

C.《计算机信息网络国际联网安全保护管理办法》

D.《互联网信息服务管理办法》

8. 根据《中华人民共和国计算机信息网络国际联网管理暂行规定实施办法》第二十二条，对未使用国家公用电信网提供的国际出入口信道，或者自行建立或使用其他信道直接进行国际联网的，由(　　)责令停止联网，可以并处 15 000 元以下罚款；有违法所得的，没收违法所得。

A. 公安机关　　　　B. 互联网接入单位

C. 国务院信息化领导小组　　　　D. 中国互联网络信息中心(CNNIC)

9. 根据《中华人民共和国计算机信息网络国际联网管理暂行规定实施办法》第二十二条，对未使用国家公用电信网提供的国际出入口信道，或者自行建立或使用其他信道直接进行国际联网的，由公安机关责令停止联网，可以并处(　　)。

A. 10 000 元以下罚款；有违法所得的，没收违法所得

B. 15 000 元以下罚款；有违法所得的，没收违法所得

C. 20 000 元以下罚款；有违法所得的，没收违法所得

D. 15 000

10.《中华人民共和国计算机信息网络国际联网管理暂行规定》赋予公安机关的处罚情形有(　　)。

A. 任何单位和个人自行建立或者使用其他信道进行国际联网的

B. 未按规定通过互联网进行国际联网的

C. 未按规定通过接入网络进行国际联网的

D. 有违法所得的，没收违法所得

11.《中华人民共和国计算机信息网络国际联网管理暂行规定》赋予公安机关的处罚权有(　　)。

A. 任何单位和个人自行建立或者使用其他信道进行国际联网的，由公安机关责令停止联网，可以并处 15 000 元以下罚款；有违法所得的，没收违法所得

B. 未领取国际联网经营许可证从事国际联网经营活动的，由公安机关给予警告，限期办理经营许可证；在限期内不办理经营许可证的，责令停止联网；有违法所得的，没收违法所得

C. 未按规定通过接入网络进行国际联网的，由公安机关责令停止联网，给予警告，可以并处 15 000 元以下的罚款

D. 个人、法人和其他组织用户使用的计算机或者计算机信息网络没有通过接入网络进行国际联网的，对个人由公安机关处 5000 元以下的罚款；对法人和其他组织用户由公安机关给予警告，可以并处 15 000 元以下的罚款

12. 经营性互联网包括(　　)。

A. 中国教育和科研计算机网　　　　B. 中国科学技术网

C. 中国公用计算机互联网　　　　　　　　D. 中国金桥信息网
E. 中国学术期刊网(CNKI)　　　　　　　F. 百度搜索引擎(Baidu)

13. 根据《中华人民共和国计算机信息网络国际联网管理暂行规定实施办法》第二十二条之规定，出现下列(　　)情形，由公安机关责令停止联网，可以并处 15 000 元以下罚款；有违法所得的，没收违法所得。

A. 对未使用国家公用电信网提供的国际出入口信道
B. 自行建立或使用其他信道直接进行国际联网的
C. 使用 ADSL 接入互联网的
D. 自行设置私有 IP 地址的

第3章 互联网用户的用网行为安全规范

3.1 互联网用户的概念

用户，是指通过接入网络进行国际联网的个人、法人和其他组织。用户包括单位用户和个人用户。个人用户是指具有联网账号的个人。对单位用户和个人用户的监管内容也不完全相同，并且处罚种类与幅度也不同。

3.2 互联网用户上网备案手续

个人、法人和其他组织（以下统称用户）使用的计算机或者计算机信息网络，需要进行国际联网的，必须通过接入网络进行国际联网。用户的计算机或者计算机信息网络，需要接入网络的，应当征得接入单位的同意，并办理登记手续。用户向接入单位申请国际联网时，应当提供有效身份证明或者其他证明文件，并填写用户登记表。接入单位应当在收到用户申请后5个工作日内，以书面形式答复用户。

用户应当服从接入单位的管理，遵守用户守则；不得擅自进入未经许可的计算机系统，篡改他人信息；不得在网络上散发恶意信息，冒用他人名义发出信息，侵犯他人隐私；不得制造、传播计算机病毒及从事其他侵犯网络和他人合法权益的活动。用户有权获得接入单位提供的各项服务；有义务交纳费用。

任何单位和个人不得自行建立或者使用其他信道进行国际联网，不允许私自接入国际联网，如果采用私自接入的方式进行国际联网，监管机关就无法监管到用户的上网内容，无法对用户的违法行为进行监管与处罚。计算机信息网络和现实社会一样会充斥着各种各样的违法行为，公安机关也同样要进行监管，尤其是要监管涉及国家安全、国家事务、经济建设、尖端科学技术等重要领域的信息内容。

用户在接入单位办理入网手续时，应当填写用户备案表。用户使用宽带上网应该到当地的接入单位进行登记与备案，但是有些用户，尤其是个人用户为了降低上网费用，开通一条宽带上网线路，然后利用路由器（或开启 Modem 的路由功能）、交换机、集线器等网络共享设备以达到多户人家同时共用一条宽带上网线路。为了制止此类行为，很多地方都专门发通告或文件禁止该行为。例如，广东省茂名市公安局为查禁“多户合用一条宽带”而在当地的《茂名日报》上发布通告，题为《关于清理整治多户擅自合用一条宽带上网的通告》，明确规定：“多户人家擅自合用一条宽带线路共同上网，属于违法行为，请有上述擅自合用宽带上网行为的用户自通告之日起一个月内自行拆除相关设备，停止共享方式上网，否则一经查实，将依法处理。”

3.3 互联网用户的上网行为管理

(1) 公安部计算机管理监察机构负责计算机信息网络国际联网的安全保护管理工作。公安机关计算机管理监察机构应当保护计算机信息网络国际联网的公共安全，维护从事国际联网业务的单位和个人的合法权益和公众利益。

(2) 任何单位和个人不得利用国际联网危害国家安全、泄露国家秘密，不得侵犯国家的、社会的、集体的利益和公民的合法权益，不得从事违法犯罪活动。

(3) 任何单位和个人不得利用国际联网制作(以制作网页等方式)、复制(从互联网上下载等方式)、查阅(浏览网页等方式)和传播(向互联网上传等方式)下列信息。

① 煽动抗拒、破坏宪法和法律、行政法规实施的；例如，新交法规定机动车与非机动车、行人发生交通事故的，由机动车一方承担全部损害赔偿责任。2004 年 5 月 9 日晚 8 点多钟，司机刘某驾驶一辆奥拓车从东至西行驶在南二环上，在菜户营桥东侧一个弯道，刘某发现前方 100m 外有人正在横穿二环路，虽然采取了措施，但 26m 的刹车距离还是让奥拓车撞上了这位横穿二环的行人，穿行二环路的行人当场死亡。这起事故发生正值新的交通法实施后的第 9 天，从而成为新交法实施后的第一案，根据当时事故的情况，交管部门认为由于双方违反相关规定各负对等责任。终审判决司机承担无责赔偿责任，赔偿 10 万余元。当时网上有很多帖子就都是关于抗拒新交法实施的帖子。甚至有人戏谑，要想富，上马路。

② 煽动颠覆国家政权，推翻社会主义制度的。

③ 煽动分裂国家、破坏国家统一的。

④ 煽动民族仇恨、民族歧视，破坏民族团结的。

⑤ 捏造或者歪曲事实，散布谣言，扰乱社会秩序的。

这部分内容在网警的信息监管工作中是非常重要的一部分，因为这部分内容会影响大众的经济秩序，扰乱正常生活。例如，2005 年辽宁省黑山的两个村子爆发禽流感，但网上的谣言却是辽宁省大范围爆发禽流感。当时药店的板蓝根被抢光，价格也从 1 元涨到 18 元。又如，网上曾有谣言称人民币要贬值，当天股市就砸了 3%。又如，2008 年 5 月 29 日 20 时许，贾某(如图 3-1 所示)在西安某学院学生宿舍内，通过个人计算机控制了本学院的计算机网络服务器攻击陕西省地震局网站，破解了陕西省地震局网站的用户名和密码，侵入陕西省地震局信息发布页面，进入网站汶川大地震应急栏目。20 时 53 分，贾某发布了自己编造的虚假信息“今晚 23 时 30 分陕西等地有强烈地震发生”(如图 3-2 所示)，声称“根据陕西省和四川地质学家研究，四川汶川地震带板块频繁剧烈活动，并朝东北方向移动，地质学家告知 5 月 29 日晚 23 时 30 分左右，有 6～6.5 级强烈地震发生，甘肃天水、宝鸡、汉中、西安等地将具有强烈震感，请大家做好防范准备。”该信息发布后，不断有群众向陕西省地震局打电话询问此事，严重扰乱了社会秩序，造成了社会恐慌。①

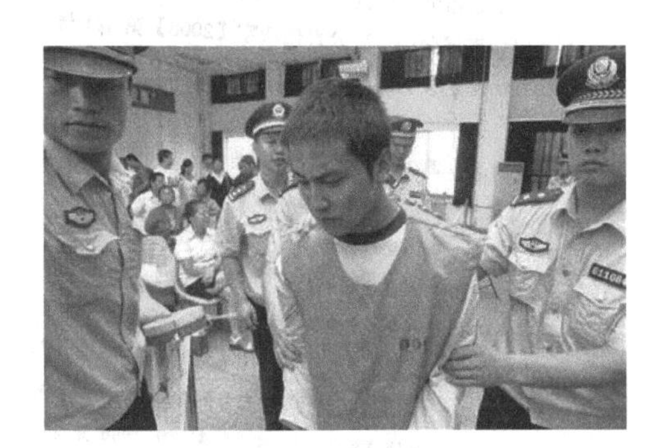

图 3-1　贾某

图 3-2　虚假地震信息

⑥ 宣扬封建迷信、淫秽、色情、赌博、暴力、凶杀、恐怖，教唆犯罪的。

现在网络上有很多算命的网站，如果是游戏性质的，不违法。是否违法主要看是否给被害人造成经济损失，是否造成社会危害等。

利用网络宣扬淫秽色情的形式是多种多样的，包括视频、音频、图片、文字等。

淫秽信息是指在整体上宣扬淫秽行为，具有下列内容之一，挑动人们性欲，导致普通人腐化、堕落，而又没有艺术或科学价值的文字、图片、音频、视频等信息内容，包括：淫亵性地具体描写性行为、性交及其心理感受；宣扬色情淫荡形象；淫亵性地描述或者传授性技巧；具体描写乱伦、强奸及其他性犯罪的手段、过程或者细节，可能诱发犯罪的；具体描写少年儿童的性行为；淫亵性地具体描写同性恋的性行为或者其他性变态行为，以及具体描写与性变态有关的暴力、虐待、侮辱行为；其他令普通人不能容忍的对性行为的淫亵性描写。

色情信息是指在整体上不是淫秽的，但其中一部分有上述内容，对普通人特别是未成年人的身心健康有毒害，缺乏艺术价值或者科学价值的文字、图片、音频、视频等信息内容。

图 3-3　任某出示行政处罚决定书

2008 年，28 岁的河南南阳人任某（如图 3-3 所示）在计算机里存了两段黄色视频，2008 年 8 月 18 日网警在他的店中检查计算机，发现长约 30 分钟的黄碟视频之后开出了一张 1900 元的罚单。南阳市公安局直属分局出具的处罚决定书称，对任某的处罚，有本人陈述、检查笔录和淫秽物品鉴定为证，处罚的依据是《计算机信

① 西安大学生黑客发布地震假消息获刑一年六个月．http://news.cnwest.com/content/2008-08/29/content_1392459.htm．2008.8.29.

息网络国际联网安全保护管理办法》第五条第六项和第二十条，如图 3-4 所示。

同年 9 月 19 日，任某向南阳市公安局提起了行政复议。9 月 26 日下午，南阳警方公布了市公安局直属分局执法监督委员会作出的决定：撤销对任某的罚款处罚，如图 3-5 所示。[①]

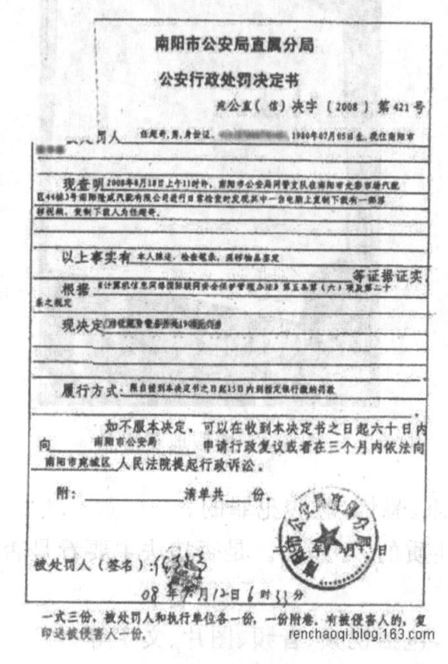
南阳市公安局直属分局

公安行政处罚决定书

宛公直（信）决字〔2008〕第 421 号

被处罚人 任超奇，男，身份证、[illegible] 1980年07月05日生，现住南阳市[illegible]

现查明 2008年8月18日上午11时许，南阳市公安局网警支队在南阳市光彩市场汽配区44栋3号南阳隆威汽配有限公司进行日常检查时发现其中一台电脑上复制下载有一部淫秽视频，复制下载人为任超奇。

以上事实有 本人陈述、检查笔录、淫秽物品鉴定 等证据证实，

根据 《计算机信息网络国际联网安全保护管理办法》第五条第（六）项及第二十条之规定

现决定 [illegible]

履行方式：限自接到本决定书之日起15日内到指定银行缴纳罚款

如不服本决定，可以在收到本决定书之日起六十日内向 南阳市公安局 申请行政复议或者在三个月内依法向 南阳市宛城区 人民法院提起行政诉讼。

附：＿＿＿＿清单共＿＿份。

年 月 日

被处罚人（签名）：[illegible]

08 年 9 月 12 日 6 时 33 分

一式三份，被处罚人和执行单位各一份，一份附卷。有被侵害人的，复印送被侵害人一份。

renchaoqi.blog.163.com

图 3-4　南阳市公安局直属分局出具的公安行政处罚决定书

南阳市公安局直属分局执法监督委员会

关于撤销直属分局“宛公直信决字【2008】第 421 号

公安行政处罚决定书”的决定

2008 年 9 月 20 日，南阳市公安局直属分局执法监督委员会发现市局信息网络安全监察支队办理的任超奇利用国际联网复制、查阅淫秽色情信息案，当事人任超奇对行政处罚决定不服向市局提出行政复议后，及时启动执法监督程序，组织专人，调阅审查该案案卷，经认真复核复查并集体研究后认为，该案认定事实清楚，适用法律正确，但结合该案案情，当事人任超奇系初次违反《计算机信息网络国际联网安全保护管理办法》，且情节较轻，对其作出警告并处 1900 元罚款的处罚较重。现决定：撤销宛公直信决字【2008】第 421 号公安行政处罚决定，给予批评教育。

二〇〇八年九月[illegible]日

图 3-5　撤销“公安行政处罚决定书”的决定

⑦ 公然侮辱他人或者捏造事实诽谤他人的。

2007 年 12 月 21 日，某市的中学生小强将小红的裸照和视频短片注上姓名和所在学校班级等，通过互联网上传至小红所在的学校 QQ 群里，因小强小红都是同镇本地人，一时间同学、学校及社会上议论纷纷，使小红名誉受损，精神陷入极度痛苦之中。是否违法要看行为是否给被害人造成危害后果，是否给被害人造成精神上的危害，例如，患上了抑郁症、精神病等，传播范围是否广，这个可以看网页的浏览量。又如，济南女大学生王某（如图 3-6 所示）自建“反包二奶”网站（如图 3-7 所示），揭露父亲王某（如图 3-8 所示）“包养”李某一事。在其撰写的文章中，使用了若干侮辱李某的语言。[②]

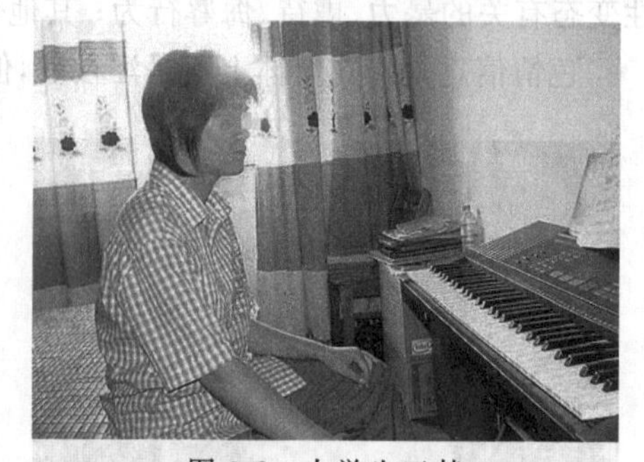

图 3-6　大学生王某

① 男子下载 1 部黄片被罚 1900 元续：网警称处罚有据. http://news.sina.com.cn/s/2008-09-23/114816340481.shtml. 2008.9.23.

② 自建“反包二奶”网站 济南女大学生犯侮辱罪. http://news.sohu.com/20070207/n248101024.shtml. 2007.2.7.

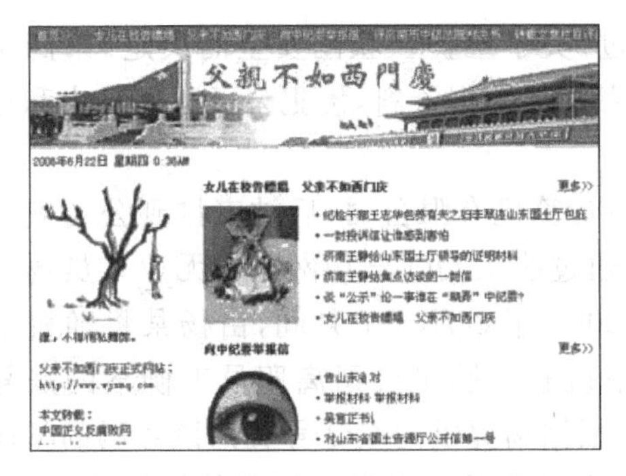

图 3-7 “父亲不如西门庆”网站截图

图 3-8 小时候的王某和父亲在一起

⑧ 损害国家机关信誉的。

⑨ 其他违反宪法和法律、行政法规的。

2007 年全国成人高校招生统一考试将于 10 月 13 日和 14 日举行。教育部网站公布了近期查处的 5 个发布成人高考有害信息的非法网站。这 5 个非法网站分别为：北华枪手网(www.51tikao.cn/)、中国答案网(www.pass－cet.com/)、中国考试答案网(www.cn－kaoshi.com/)、华夏助考网(www.hxzkw.cn/)和中华助考网(www.zk200.com/)。

(4) 任何单位和个人不得从事下列危害计算机信息网络安全的活动。

① 未经允许，进入计算机信息网络或者使用计算机信息网络资源的。

例如，2008 年 7 月 21 日下午，某网监大队民警在对城区某网吧进行检查时，发现该网吧在其使用的计算机主机中非法架设 VPN(虚拟专用网)服务器。经公安机关调查证实，此服务器是在该网吧从事网络维护工作的郑某在未经电信公司和该网吧业主授权的情况下，于 2008 年 6 月份私自架设的。之后，为了谋取个人私利，2008 年 7 月，郑某将其 VPN 连接账号和密码提供给级索镇魏某经营的网吧使用。期间，魏某通过连接 VPN 服务器盗用城区某网吧的电信 IP 地址上网，营业所得三千余元。这是滕州市公安局网监大队侦破山东省首例未经允许使用计算机网络资源案。根据《计算机信息网络国际联网安全保护管理办法》的规定，经市公安局裁决，对魏某给予警告，没收违法所得，并处罚款一千元，同时对郑某给予警告并处罚款五千元。

② 未经允许，对计算机信息网络功能进行删除、修改或者增加的。

③ 未经允许，对计算机信息网络中存储、处理或者传输的数据和应用程序进行删除、修改或者增加的。

例如，某公司对另一公司经营的网络游戏未经允许进行非法破解，并开发外挂程序对该游戏客户端进行修改，改变部分游戏规则。此行为违反了《计算机信息网络国际联网安全保护管理办法》第六条第三项之规定，可以依据该办法第二十条进行处罚。

④ 故意制作、传播计算机病毒等破坏性程序的。

⑤ 其他危害计算机信息网络安全的。

(5) 用户的通信自由和通信秘密受法律保护。任何个人不得违反法律规定，利用国际联网侵犯用户的通信自由和通信秘密。利用国际联网实现通信的工具多种多样，不仅包括电子邮件，还包括即时通信软件，例如，QQ、MSN、阿里旺旺、网易泡泡等。现在，网络通信方式已经普及，对一些人而言网络通信方式比传统通信方式更重要。传统通信方式在企业之间交流比较普及。有些人利用侵犯他人的通信自由而获得非法利益。2000 年

12月28日，全国人民代表大会常务委员会通过《关于维护互联网安全的决定》第四条第（二）项“非法截获、篡改、删除他人电子邮件或者其他数据资料，侵犯公民通信自由和通信秘密的，依照刑法有关规定追究刑事责任”。

例如，2004年5月，曾某受聘入职深圳腾讯计算机有限公司，后被安排到公司安全中心负责系统监控工作。2005年3月月初，曾某通过购买QQ号在网上与无业人员杨某认识，两人合谋通过窃取他人QQ号出售获利。2005年3月至7月间，由杨某将随机选定的他人的QQ号通过互联网发给曾某。曾私下破解了腾讯公司离职员工柳某的账号密码，利用该账号进入本公司的计算机后台系统，根据杨提供的QQ号查询该号码的密码保护资料，然后将查询到的资料发回给杨某，由杨将QQ号密码保护问题的答案破解，并将QQ号的原密码更改后将QQ号出售给他人，造成用户无法使用原注册的QQ号。经查，两人共计修改密码并卖出QQ号约130个，获利61 650元，其中曾某分得39 100元，杨某分得22 550元。2005年7月，深圳警方破获此案，并将曾某、杨某抓获。同年11月，深圳市南山区检察院以盗窃罪对曾、杨两人提起公诉。法院审理认为，依照法律规定，盗窃罪的犯罪对象是“公私财物”。但在我国的相关法律均未将QQ号码、Q币等纳入刑法保护的财产之列。因此，QQ号码和Q币不属于刑法意义上的财产保护对象。因此，公诉机关对被告人曾某等人提出盗窃罪的指控，指控罪名所涉犯罪对象与法律规定不符，判决不构成盗窃罪。QQ因其在通信功能上所具备的方便快捷的技术特征，被越来越多的用户所接受，已成为目前国内流行的网络通信方式。两被告人篡改了约130个QQ号密码，使原注册的QQ用户无法使用本人的QQ号与他人联系，造成侵犯他人通信自由的后果，情节严重，其行为构成侵犯通信自由罪，且系共同犯罪。两被告人销赃获利6万余元的行为虽不足以构成盗窃罪，但作为侵犯通信自由罪的量刑情节进行评价，应属违法所得，依法应予追缴。[①]

3.4 互联网用户网上违法行为的处罚规定

（1）《计算机信息网络国际联网安全保护管理办法》第五条规定：任何单位和个人不得利用国际联网制作、复制、查阅和传播下列信息。

① 煽动抗拒、破坏宪法和法律、行政法规实施的；

② 煽动颠覆国家政权，推翻社会主义制度的；

③ 煽动分裂国家、破坏国家统一的；

④ 煽动民族仇恨、民族歧视，破坏民族团结的；

⑤ 捏造或者歪曲事实，散布谣言，扰乱社会秩序的；

⑥ 宣扬封建迷信、淫秽、色情、赌博、暴力、凶杀、恐怖，教唆犯罪的；

⑦ 公然侮辱他人或者捏造事实诽谤他人的；

⑧ 损害国家机关信誉的；

⑨ 其他违反宪法和法律、行政法规的。

① 李伟雄. 国内首宗盗卖QQ号案一审宣判. http://www.people.com.cn/GB/paper53/16829/1478984.html. 2006.2.10.

第六条规定：任何单位和个人不得从事下列危害计算机信息网络安全的活动。

① 未经允许，进入计算机信息网络或者使用计算机信息网络资源的；

② 未经允许，对计算机信息网络功能进行删除、修改或者增加的；

③ 未经允许，对计算机信息网络中存储、处理或者传输的数据和应用程序进行删除、修改或者增加的；

④ 故意制作、传播计算机病毒等破坏性程序的；

⑤ 其他危害计算机信息网络安全的。

根据《计算机信息网络国际联网安全保护管理办法》第二十条，违反法律、行政法规，有本办法第五条、第六条所列行为之一的，由公安机关给予警告，有违法所得的，没收违法所得，对个人可以并处 5000 元以下的罚款，对单位可以并处 15 000 元以下的罚款；情节严重的，并可以给予 6 个月以内停止联网、停机整顿的处罚，必要时可以建议原发证、审批机构吊销经营许可证或者取消联网资格；构成违反治安管理行为的，依照治安管理处罚条例的规定处罚；构成犯罪的，依法追究刑事责任。

(2) 根据《计算机信息网络国际联网安全保护管理办法》第二十一条，有下列行为之一的，由公安机关责令限期改正，给予警告，有违法所得的，没收违法所得；在规定的限期内未改正的，对单位的主管负责人员和其他直接责任人员可以并处 5000 元以下的罚款，对单位可以并处 15 000 元以下的罚款；情节严重的，并可以给予 6 个月以内的停止联网、停机整顿的处罚，必要时可以建议原发证、审批机构吊销经营许可证或者取消联网资格。

① 未建立安全保护管理制度的；

② 未采取安全技术保护措施的；

③ 未对网络用户进行安全教育和培训的；

④ 未提供安全保护管理所需信息、资料及数据文件，或者所提供内容不真实的；

⑤ 对委托其发布的信息内容未进行审核或者对委托单位和个人未进行登记的；

⑥ 未建立电子公告系统的用户登记和信息管理制度的；

⑦ 未按照国家有关规定，删除网络地址、目录或者关闭服务器的；

⑧ 未建立公用账号使用登记制度的；

⑨ 转借、转让用户账号的。

(3)《计算机信息网络国际联网安全保护管理办法》第四条规定：任何单位和个人不得利用国际联网危害国家安全、泄露国家秘密，不得侵犯国家的、社会的、集体的利益和公民的合法权益，不得从事违法犯罪活动。

第七条规定：用户的通信自由和通信秘密受法律保护。任何单位和个人不得违反法律规定，利用国际联网侵犯用户的通信自由和通信秘密。

根据《计算机信息网络国际联网安全保护管理办法》第二十二条，违反本办法第四条、第七条规定的，依照有关法律、法规予以处罚。

(4)《计算机信息网络国际联网安全保护管理办法》第十一条规定：用户在接入单位办理入网手续时，应当填写用户备案表。备案表由公安部监制。

根据《计算机信息网络国际联网安全保护管理办法》第二十三条，违反本办法第十一条、第十二条规定，不履行备案职责的，由公安机关给予警告或者停机整顿不超过 6 个月的处罚。

习 题

一、判断题

1. 最高人民法院、最高人民检察院《关于办理利用互联网、移动通信终端、声讯台制作、复制、出版、贩卖、传播淫秽电子信息刑事案件具体应用法律若干问题的解释》的适用对象，只是淫秽电子信息，而不是黄色电子信息。（ ）

2. 根据《关于办理利用互联网、移动通信终端、声讯台制作、复制、出版、贩卖、传播淫秽电子信息刑事案件具体应用法律若干问题的解释》第九条第一款的规定，只有具体描绘性行为或者露骨宣扬色情的淫秽性的电子信息，才属于刑法第三百六十七条第一款规定的“其他淫秽物品”，即淫秽电子信息。（ ）

3. 根据《计算机信息网络国际联网安全保护管理办法》规定，FTP 服务器中用户账号的变更情况也应该被列为安全保护管理所需信息、资料及数据文件。（ ）

4. 根据《计算机信息网络国际联网安全保护管理办法》，网页栏目设置与变更及栏目负责人情况是该办法提到的安全保护管理所需信息、资料和数据文件。（ ）

5.《计算机信息网络国际联网安全保护管理办法》中所称的“原始记录”指的是有关信息或行为在网上出现或发生时，计算机记录、存储的所有相关数据。（ ）

6.《计算机信息网络国际联网安全保护管理办法》中所称的“原始记录”指的是有关信息或行为在网上出现或发生时，计算机记录、存储的所有相关数据，包括时间、内容（如图像、文字、声音等）、来源（如源 IP 地址、E-mail 地址等）及系统网络运行日志、用户使用日志等。（ ）

7.《计算机信息网络国际联网安全保护管理办法》中所称的“停机整顿”，可采取的执行措施主要包括停止计算机信息系统运行、扣留计算机及相应的网络设备。（ ）

8. 对于《计算机信息网络国际联网安全保护管理办法》中所称的“停机整顿”，可采取的执行措施主要包括停止计算机信息系统运行、停止部分计算机信息系统功能、冻结用户联网账号等。（ ）

9. 根据《计算机信息网络安全保护管理办法》之规定，互联单位、接入单位、使用计算机信息网络国际联网的法人和其他组织（包括跨省、自治区、直辖市联网的单位和所属的分支机构），应当自网络正式联通之日起 15 日内，到所在地的省、自治区、直辖市人民政府公安机关指定的受理机关办理备案手续。（ ）

10. 根据《计算机信息网络安全保护管理办法》之规定，互联单位、接入单位、使用计算机信息网络国际联网的法人和其他组织，应当自网络正式联通之日起 30 日内，到所在地的省、自治区、直辖市人民政府公安机关指定的受理机关办理备案手续。（ ）

11.《计算机信息网络国际联网安全保护管理办法》规定，任何单位和个人不得进入计算机信息网络或者使用计算机信息网络资源。（ ）

12.《计算机信息网络国际联网安全保护管理办法》规定，任何单位和个人不得故意制作、传播计算机病毒等破坏性程序。（ ）

13. 公安机关网监部门可以依据《中华人民共和国计算机信息系统安全保护条例》第

二十条和《计算机信息网络国际联网安全保护管理办法》第二十三条规定，根据不同情节给予警告或者停机整顿不超过6个月的处罚。必要时可以建议原发证、审批机构吊销经营许可证或者取消联网资格。（ ）

14. 公安机关网监部门可以依据《中华人民共和国计算机信息系统安全保护条例》第二十条和《计算机信息网络国际联网安全保护管理办法》第二十三条规定，根据不同情节给予警告或者停机整顿不超过6个月的处罚。并建议原发证、审批机构吊销经营许可证或者取消联网资格。（ ）

15. 对在计算机信息系统中发生的案件，有关使用单位应当在48小时内向当地县级以上人民政府公安机关报告。（ ）

16. 对在计算机信息系统中发生的案件，有关使用单位应当在24小时内向当地县级以上人民政府公安机关报告。（ ）

17. 违反国家法律、法规的行为，危及计算机信息系统安全的事件，称为计算机案件。对在计算机信息系统中发生的案件，有关使用单位应当在24小时内向当地县级以上人民政府公安机关报告。（ ）

18. 故意输入计算机病毒以及其他有害数据，危害计算机信息系统安全的个人，尚不够刑事处罚的，应依法处以5000元以下的罚款。（ ）

19. 故意输入计算机病毒以及其他有害数据，危害计算机信息系统安全的个人，尚不够刑事处罚的，应依法接受警告或者处以5000元以下的罚款。（ ）

二、选择题

1. 下列（ ）不是《计算机信息网络国际联网安全保护管理办法》中所提到的安全保护管理制度。

   A. 信息发布审核、登记制度
   B. 信息监视、保存、清除和备份制度
   C. 病毒检测和网络安全漏洞检测制度
   D. 备案制度

2. 《计算机信息网络国际联网安全保护管理办法》中所提到的安全保护管理制度不包括（ ）。

   A. 违法案件报告和协助查处制度
   B. 账号使用登记和操作权限管理制度
   C. 网络系统的入侵检测及取证制度
   D. 安全管理人员岗位工作职责

3. 《计算机信息网络国际联网安全保护管理办法》中所提到的安全保护技术措施不包括（ ）。

   A. 具有保存三个月以上系统网络运行日志和用户使用日志记录功能，内容包括IP地址分配及使用情况，交互式信息发布者、主页维护者、邮箱使用者和拨号用户上网的起止时间和对应的IP地址，交互式栏目的信息等
   B. 具有安全审计或预警功能
   C. 开设邮件服务的，具有邮件杀毒功能

D. 开设交互式信息栏目的，具有身份登记和识别确认功能

4.《计算机信息网络国际联网安全保护管理办法》规定，对“系统网络运行日志和用户使用日志记录”，要求保存(　　)以上。

A. 1个月　　B. 3个月　　C. 6个月　　D. 12个月

5. 除了网络服务功能设置情况、IP地址分配使用及变更情况，下列(　　)不是《计算机信息网络国际联网安全保护管理办法》中所提到的安全保护管理所需信息、资料及数据文件。

A. FTP服务器中用户账号的变更情况

B. 用户注册登记、使用与变更情况(含用户账号、IP与E-mail地址等)

C. IP地址分配、使用及变更情况

D. 网页栏目设置与变更及栏目负责人情况

6.《计算机信息网络国际联网安全保护管理办法》中所称的“原始记录”指的是(　　)。

A. 有关信息或行为在网上出现或发生时，计算机记录、存储的源IP地址、E-mail地址等

B. 有关信息或行为在网上出现或发生时，计算机记录、存储的时间

C. 有关信息或行为在网上出现或发生时，计算机记录、存储的内容

D. 以上都正确

7. 对于《计算机信息网络国际联网安全保护管理办法》中所称的“停机整顿”，除了停止计算机信息系统运行、停止部分计算机信息系统功能之外，还包括(　　)。

A. 冻结用户联网账号　　B. 降低用户账号的权限

C. 冻结用户银行账号　　D. 关闭用户计算机，以接受彻底检查取证

8. 根据《计算机信息网络安全保护管理办法》之规定，互联单位、接入单位、使用计算机信息网络国际联网的法人和其他组织，应当自网络正式联通之日起(　　)日内，到所在地的省、自治区、直辖市人民政府公安机关指定的受理机关办理备案手续。

A. 7　　B. 15　　C. 30　　D. 60

9.《计算机信息网络国际联网安全保护管理办法》规定，任何单位和个人不得从事(　　)危害计算机信息网络安全的活动。

A. 故意制作、传播计算机病毒等破坏性程序

B. 对计算机信息网络功能进行删除、修改或者增加

C. 对计算机信息网络中存储、处理或者传输的数据和应用程序进行删除、修改或者增加

D. 进入计算机信息网络或者使用计算机信息网络资源

10.《计算机信息网络国际联网安全保护管理办法》中所提到的安全保护管理制度主要包括(　　)内容。

A. 信息发布审核、登记制度　　B. 信息监视、保存、清除和备份制度

C. 病毒检测和网络安全漏洞检测制度　　D. 违法案件报告和协助查处制度

E. 账号使用登记和操作权限管理制度　　F. 安全管理人员岗位工作职责

G. 安全教育和培训制度

11.《计算机信息网络国际联网安全保护管理办法》中所提到的安全保护技术措施主要包括(　　)。

A. 具有保存三个月以上系统网络运行日志和用户使用日志记录功能,内容包括IP 地址分配及使用情况,交互式信息发布者、主页维护者、邮箱使用者和拨号用户上网的起止时间和对应的 IP 地址,交互式栏目的信息等

B. 具有安全审计或预警功能

C. 开设邮件服务的,具有垃圾邮件清理功能

D. 开设交互式信息栏目的,具有身份登记和识别确认功能

E. 计算机病毒防护功能

F. 其他保护信息和系统网络安全的技术措施

12.《计算机信息网络国际联网安全保护管理办法》中所提到的安全保护管理所需信息、资料及数据文件主要包括(　　)。

A. 用户注册登记、使用与变更情况(含用户账号、IP 与 E-mail 地址等)

B. IP 地址分配、使用及变更情况

C. 网页栏目设置与变更及栏目负责人情况

D. 网络服务功能设置情况

E. 与安全保护相关的其他信息

13.《计算机信息网络国际联网安全保护管理办法》中所称的"原始记录"指的是(　　)。

A. 有关信息或行为在网上出现或发生时,计算机记录、存储的源 IP 地址、E-mail 地址等

B. 有关信息或行为在网上出现或发生时,计算机记录、存储的时间

C. 有关信息或行为在网上出现或发生时,计算机记录、存储的内容(如图像、文字、声音等)

D. 系统网络运行日志、用户使用日志

E. 通过专业软件捕获的数据包

14. 对于《计算机信息网络国际联网安全保护管理办法》中所称的"停机整顿",可采取的执行措施主要包括(　　)。

A. 停止计算机信息系统运行　　B. 停止部分计算机信息系统功能

C. 冻结用户联网账号　　D. 其他有效执行措施

15. 根据《计算机信息网络安全保护管理办法》之规定,(　　)应当自网络正式联通之日起 30 日内,到所在地的省、自治区、直辖市人民政府公安机关指定的受理机关办理备案手续。

A. 互联单位

B. 接入单位

C. 使用计算机信息网络国际联网的法人

D. 其他组织,包括跨省、自治区、直辖市联网的单位和所属的分支机构

16.《计算机信息网络国际联网安全保护管理办法》规定，任何单位和个人不得从事(　　)危害计算机信息网络安全的活动。

A. 故意制作、传播计算机病毒等破坏性程序

B. 未经允许，对计算机信息网络功能进行删除、修改或者增加

C. 未经允许，对计算机信息网路中存储、处理或者传输的数据和应用程序进行删除、修改或者增加

D. 未经允许，进入计算机信息网络或者使用计算机信息网络资源

第4章 互联网单位用户的安全管理

4.1 互联网单位用户基本概念

互联网联网用户是指通过接入网络与互联网连接的计算机信息网络单位用户。社区、学校、图书馆、宾馆等提供上网服务的场所也纳入联网单位用户的管理。

互联网服务提供者，是指向用户提供互联网接入服务(ISP)、互联网数据中心服务(IDC)、互联网信息服务(ICP)和互联网上网服务的单位。ISP是Internet Server Provider，意为Internet服务提供商，即为用户提供Internet接入服务的公司和机构，如新浪、搜狐等。IDC是Internet Data Center的缩写，意为提供互联网数据中心服务的单位，是指提供主机托管、租赁和虚拟空间租用等服务的单位。

互联网使用单位，是指为本单位应用需要连接并使用互联网的单位。

互联网服务提供者、联网使用单位负责落实互联网安全保护技术措施，并保障互联网安全保护技术措施功能的正常发挥。

互联网服务提供者、联网使用单位应当建立相应的管理制度。未经用户同意不得公开、泄漏用户注册信息，但法律、行政法规另有规定的除外。

互联网服务提供者、联网使用单位应当依法使用互联网安全保护技术措施，不得利用互联网安全保护技术措施侵犯用户的通信自由和通信秘密。

4.2 互联网单位用户安全检查程序

1. 联网用户计算机信息网络安全检查的项目

(1) 安全管理机构建立，安全管理人员落实及培训情况。单位用户建立了与本单位计算机信息网络安全保护任务相适应的计算机安全组织，报公安机关备案，对本单位的计算机信息网络安全统一指导管理。安全组织人员构成合理，职责划分明确，并能切实发挥职能作用，有效地开展工作。安全组织组成人员及安全管理人员参加公安机关组织的安全员培训，持证上岗。

(2) 联网用户的具体网络设备、网络用途(如电子邮件、FTP等)、网络拓扑结构、IP地址分布等基本情况。

(3) 有健全的安全管理规章制度并能得到执行，包括：

① 计算机机房安全管理制度；

② 安全管理责任人、信息审查员的任免和安全责任制度；

③ 网络安全漏洞检测和系统升级管理制度；

④ 操作权限管理制度；

⑤ 用户登记制度。

(4) 在实体安全、信息安全、运行安全和网络安全等方面采取必要的安全技术措施，包括：

① 系统重要部分的冗余或备份措施；

② 计算机病毒防治措施；

③ 网络攻击防范、追踪措施；

④ 安全审计和预警措施；

⑤ 系统运行和用户使用日志记录保存 60 日以上措施；

⑥ 联网单位内上网用户身份登记和识别确认措施；

⑦ 使用国家规定的安全管理产品(硬件和软件)。

(5) 制定应急方案。

(6) 定期进行计算机信息网络风险评估，及时发现信息安全隐患并采取整改措施。

(7) 发生案件、事故和发现计算机有害数据的情况。

(8) 计算机信息网络安全事件、事故报告制度落实情况。

(9) 提供安全保护管理所需信息、资料及数据文件，主要包括：

① 用户注册登记、使用与变更情况(含用户账号、IP 与 E-mail 地址等)；

② IP 地址分配、使用及变更情况；

③ 网络设备构成、开设的网络功能(如电子邮件、BBS 等)、采取的安全保护技术措施；

④ 网络应用范围、主机地址、用户资料以及信息审核和办理备案等情况；

⑤ 与安全保护工作相关的其他信息。

(10) 其他贯彻执行国家和地方计算机信息系统安全管理法规和有关安全标准的情况。

2. 需检查的情形

(1) 新建、改建或变更主要安全保护技术措施的。

(2) 发生案件或安全事件、事故的。

(3) 群众投诉有信息网络安全违法行为的。

(4) 按规定应当进行检查的。

(5) 有关单位提出要求并且公安机关网安部门认为有必要进行检查的。

3. 检查的组织实施

公安机关网安部门必须定期对辖区内联网用户开展计算机信息网络安全检查及调查摸底。

(1) 制订检查计划和检查方案。公安机关应根据网络安全工作形势和上级的部署制订检查工作计划，确定检查的对象、时间。在进行检查前，应预先制订检查方案，进一步明确检查的具体时间、检查重点、检查方法、检查步骤。

(2) 向检查对象发布检查通知(特殊情形除外)。公安机关确定检查对象后，应提前向检查对象发布检查通知，提出检查要求，使之做好自查工作，进行准备并配合公安机关开展检查工作。

(3) 公安机关网安部门执行检查任务时民警不得少于两人。到达被检查单位后，向被检查单位出示人民警察证。

(4) 安全监督检查措施。实行安全监督检查，可采取以下措施：

① 对有关人员进行询问了解；

② 审查检查对象制定的安全管理制度及其执行情况；

③ 调阅检查对象的运行记录和其他有关资料；

④ 进行专项安全技术检查和测试(如匿名服务、网络安全漏洞的检测)；

⑤ 利用相关检测设备(包括硬件和软件)对计算机信息网络安全装置(含硬件和软件)的性能进行测试和验证；

⑥ 其他必要的措施。

凡因检查需要委托专业人员或社会单位进行专项检查、测试、实验验证的，要对其资格进行认定，签订委托的正式文书，明确权利、义务和责任。对重点计算机信息网络和涉密计算机信息网络的检查应不得委托境外人员，外商独资、中外合作、中外合资机构进行。受委托的个人和单位必须对监督检查、测试、实验验证结果负责，并按规定签字、盖章。

(5) 安全检查应该重点检查和了解的情况：

① 贯彻执行国家和地方计算机信息网络安全管理法规和有关安全标准的情况；

② 建立和执行安全管理制度的情况；

③ 制定及执行应急恢复计划的情况；

④ 采取安全技术措施和使用安全技术装置的情况；

⑤ 防范案件、事故和计算机有害数据的措施及落实情况；

⑥ 发生案件、事故和发现计算机有害数据的情况；

⑦ 存有不安全因素、安全隐患及其整改的情况。

(6) 针对需要检查的项目，一一进行检查，并将检查的情况做好记录，填写计算机信息网络安全检查记录，由检查对象的计算机信息网络安全负责人和公安机关检查人员签字，分别存档备查。

(7) 检查结果的处理。

① 检查完后，公安机关检查人员可以先口头向检查对象通报检查的大概情况。在检查结束的5个工作日内向检查对象公布书面检查分析结果。

② 发现安全隐患的，应向检查对象发出网络安全整改通知书，限期整改。

③ 检查发现重大安全隐患的，除进行督促整改外，公安机关可依照有关法规给予行政处罚。

④ 发现涉及上级或非本辖区网点的安全隐患时，应报上级公安机关采取措施。

⑤ 发现利用计算机信息网络制作、查阅、传播、复制有害信息，危害网络安全的违法行为和针对计算机信息网络的犯罪行为的，应当根据行为的社会危害性作为行政违法案件或刑事案件立案进行查处。

⑥ 发现利用计算机信息网络的犯罪行为，按照刑事案件管辖分工的有关规定移交有关部门。

⑦ 检查对象要求技术支持和服务的，公安机关可协调安全服务机构为用户提供必要的技术支持。

(8) 紧急措施处置。

公安机关进行安全检查时，遇到随时可能危害计算机信息安全和网络安全的紧急情况，可采取24小时内暂时停机、暂停联网、备份数据等措施。

(9) 复查验收。

公安机关发出整改通知后，应于整改期满时进行复查验收，并填发复查意见书。必要时应向计算机信息系统使用单位的上级主管部门通报。对复查后仍不合要求的，公安机关可依法给予行政处罚。

4.3 互联网单位用户安全保护技术措施

(1) 互联网服务提供者应当落实以下互联网安全保护技术措施：

① 防范计算机病毒、网络入侵和攻击破坏等危害网络安全事项或者行为的技术措施；

② 重要数据库和系统主要设备的冗灾备份措施；

③ 记录并留存用户登录和退出时间、主叫号码、账号、互联网地址或域名、系统维护日志的技术措施；

④ 法律、法规和规章规定应当落实的其他安全保护技术措施。

互联网服务提供者依照本规定采取的互联网安全保护技术措施应当具有符合公共安全行业技术标准的联网接口。

互联网服务提供者和联网使用单位依照本规定落实的记录留存技术措施，应当具有至少保存60天记录备份的功能。

互联网服务提供者不得实施下列破坏互联网安全保护技术措施的行为：

① 擅自停止或者部分停止安全保护技术设施、技术手段运行；

② 故意破坏安全保护技术设施；

③ 擅自删除、篡改安全保护技术设施、技术手段运行程序和记录；

④ 擅自改变安全保护技术措施的用途和范围；

⑤ 其他故意破坏安全保护技术措施或者妨碍其功能正常发挥的行为。

(2) 提供互联网接入服务的单位应当落实以下互联网安全保护技术措施：

① 防范计算机病毒、网络入侵和攻击破坏等危害网络安全事项或者行为的技术措施；

② 重要数据库和系统主要设备的冗灾备份措施；

③ 记录并留存用户登录和退出时间、主叫号码、账号、互联网地址或域名、系统维护日志的技术措施；

④ 记录并留存用户注册信息；

⑤ 使用内部网络地址与互联网网络地址转换方式为用户提供接入服务的，能够记录并留存用户使用的互联网网络地址和内部网络地址对应关系；

⑥ 记录、跟踪网络运行状态，监测、记录网络安全事件等安全审计功能；

⑦ 法律、法规和规章规定应当落实的其他安全保护技术措施。

(3) 提供互联网信息服务的单位应当落实以下互联网安全保护技术措施：

① 防范计算机病毒、网络入侵和攻击破坏等危害网络安全事项或者行为的技术措施；

② 重要数据库和系统主要设备的冗灾备份措施；

③ 记录并留存用户登录和退出时间、主叫号码、账号、互联网地址或域名、系统维护日志的技术措施；

④ 在公共信息服务中发现、停止传输违法信息，并保留相关记录；

⑤ 提供新闻、出版以及电子公告等服务的，能够记录并留存发布的信息内容及发布时间；

⑥ 开办门户网站、新闻网站、电子商务网站的，能够防范网站、网页被篡改，被篡改后能够自动恢复；

⑦ 开办电子公告服务的，具有用户注册信息和发布信息审计功能；

⑧ 开办电子邮件和网上短信息服务的，能够防范、清除以群发方式发送伪造、隐匿信息发送者真实标记的电子邮件或者短信息；

⑨ 法律、法规和规章规定应当落实的其他安全保护技术措施。

(4) 提供互联网数据中心服务的单位应当落实以下互联网安全保护技术措施：

① 防范计算机病毒、网络入侵和攻击破坏等危害网络安全事项或者行为的技术措施；

② 重要数据库和系统主要设备的冗灾备份措施；

③ 记录并留存用户登录和退出时间、主叫号码、账号、互联网地址或域名、系统维护日志的技术措施；

④ 记录并留存用户注册信息；

⑤ 在公共信息服务中发现、停止传输违法信息，并保留相关记录；

⑥ 联网使用单位使用内部网络地址与互联网网络地址转换方式向用户提供接入服务的，能够记录并留存用户使用的互联网网络地址和内部网络地址对应关系；

⑦ 法律、法规和规章规定应当落实的其他安全保护技术措施。

联网使用单位依照本规定落实的记录留存技术措施，应当具有至少保存60天记录备份的功能。

(5) 联网使用单位应当落实以下互联网安全保护技术措施：

① 防范计算机病毒、网络入侵和攻击破坏等危害网络安全事项或者行为的技术

措施；

② 重要数据库和系统主要设备的冗灾备份措施；

③ 记录并留存用户登录和退出时间、主叫号码、账号、互联网地址或域名、系统维护日志的技术措施；

④ 记录并留存用户注册信息；

⑤ 在公共信息服务中发现、停止传输违法信息，并保留相关记录；

⑥ 联网使用单位使用内部网络地址与互联网网络地址转换方式向用户提供接入服务的，能够记录并留存用户使用的互联网网络地址和内部网络地址对应关系；

⑦ 法律、法规和规章规定应当落实的其他安全保护技术措施。

联网使用单位依照本规定落实的记录留存技术措施，应当具有至少保存60天记录备份的功能。

联网使用单位不得实施下列破坏互联网安全保护技术措施的行为：

① 擅自停止或者部分停止安全保护技术设施、技术手段运行；

② 故意破坏安全保护技术设施；

③ 擅自删除、篡改安全保护技术设施、技术手段运行程序和记录；

④ 擅自改变安全保护技术措施的用途和范围；

⑤ 其他故意破坏安全保护技术措施或者妨碍其功能正常发挥的行为。

(6) 提供互联网上网服务的单位应当落实以下互联网安全保护技术措施：

① 防范计算机病毒、网络入侵和攻击破坏等危害网络安全事项或者行为的技术措施；

② 重要数据库和系统主要设备的冗灾备份措施；

③ 记录并留存用户登录和退出时间、主叫号码、账号、互联网地址或域名、系统维护日志的技术措施；

④ 安装并运行互联网公共上网服务场所安全管理系统；

⑤ 法律、法规和规章规定应当落实的其他安全保护技术措施。

4.4 日常管理工作与处理方法

4.4.1 日常管理工作

在对联网用户日常管理工作中，应当建立联系人制度。由联网用户指定专人负责定期向当地公安机关网监部门报告安全工作情况，负责上报单位安全员或安全组织变动情况，用户变动情况数据，网络设备、资源变动情况资料，安全事件、事故情况等基础数据。由公安机关网安部门相应的联系民警负责定期将所有基础数据存储到管理系统中。

在日常管理工作中，发现联网用户存在违法违规行为的，依照有关法律法规，按行政处罚程序对其进行查处。

4.4.2 处理方法

(1) 根据《计算机信息网络国际联网安全保护管理办法》第二十一条，有下列行为之一的，由公安机关责令限期改正，给予警告，有违法所得的，没收违法所得；在规定的限期内未改正的，对单位的主管负责人员和其他直接责任人员可以并处 5000 元以下的罚款，对单位可以并处 15 000 元以下的罚款；情节严重的，并可以给予 6 个月以内的停止联网、停机整顿的处罚，必要时可以建议原发证、审批机构吊销经营许可证或者取消联网资格。

① 未建立安全保护管理制度的；

② 未采取安全技术保护措施的；

③ 未对网络用户进行安全教育和培训的；

④ 未提供安全保护管理所需信息、资料及数据文件，或者所提供的内容不真实的；

⑤ 对委托其发布的信息内容未进行审核或者对委托单位和个人未进行登记的；

⑥ 未按照国家有关规定，删除网络地址、目录或者关闭服务器的；

⑦ 未建立公用账号使用登记制度的；转借、转让用户账号的。

(2) 根据《中华人民共和国计算机信息网络国际联网管理暂行规定实施办法》第二十二条，未使用国家公用电信网提供的国际出入口信道，或者自行建立或使用其他信道直接进行国际联网的，由公安机关责令停止联网，可以并处 15 000 元以下罚款；有违法所得的，没收违法所得。

联网单位未使用互联网络进行国际联网的，由公安机关责令停止联网，可以并处 15 000 元以下罚款；有违法所得的，没收违法所得。

个人、法人和其他组织用户未通过接入服务单位进行国际联网的，对个人由公安机关处 5000 元以下的罚款；对法人和其他组织用户由公安机关给予警告，可以并处 15 000 元以下的罚款。

专业计算机信息网络经营国际互联网络业务的，由公安机关给予警告，可以并处 15 000 元以下的罚款；有违法所得的，没收违法所得。企业计算机信息网络和其他通过专线进行国际联网的计算机信息网络违反内部使用规定的，由公安机关给予警告，可以并处 15 000 元以下的罚款；有违法所得的，没收违法所得。

同时触犯其他有关法律、行政法规的，依照有关法律、行政法规的规定予以处罚；构成犯罪的，依法追究刑事责任。

(3) 根据《计算机信息网络国际联网安全保护管理办法》第二十三条，不履行备案职责的，由公安机关给予警告或者停机整顿不超过 6 个月的处罚。

(4) 根据《计算机信息网络国际联网安全保护管理办法》第二十条，利用国际联网制作、复制、查阅和传播下列信息的，由公安机关给予警告，有违法所得的，没收违法所得，对个人可以并处 5000 元以下的罚款，对单位可以并处 15 000 元以下的罚款；情节严重的，并可以给予 6 个月以内停止联网、停机整顿的处罚，必要时可以建议原发证、审批机构吊销经营许可证或者取消联网资格；构成违反治安管理行为的，按照治安管理处罚条例的规定处罚；构成犯罪的，依法追究刑事责任。

① 煽动抗拒、破坏宪法和法律、行政法规实施的；

② 煽动颠覆国家政权,推翻社会主义制度的;

③ 煽动分裂国家、破坏国家统一的;

④ 煽动民族仇恨、民族歧视,破坏民族团结的;

⑤ 捏造或者歪曲事实,散布谣言,扰乱社会秩序的;

⑥ 宣扬封建迷信、淫秽、色情、赌博、暴力、凶杀、恐怖,教唆犯罪的;

⑦ 公然侮辱他人或者捏造事实诽谤他人的;

⑧ 损害国家机关信誉的;

⑨ 其他违反宪法和法律、行政法规的。

习　题

一、判断题

1. 互联网单位备案管理对象中的ISP、IDC、ICP分别表示互联网接入服务单位、互联网数据中心、互联网信息服务单位。 (　　)

2. 互联网单位备案管理的对象有:互联网接入服务单位(ISP)、互联网数据中心(IDC)、互联网信息服务单位(ICP)、互联网联网单位、互联网上网服务营业场所、个人联网用户、共同管辖的互联网单位。 (　　)

3. 互联网安全监督管理工作的对象包括ISP、ICP、IDC。 (　　)

4. 旅馆信息系统是互联网安全监督管理工作的对象之一。 (　　)

5. 税务部门的信息系统是互联网安全监督管理工作的对象之一。 (　　)

6. 中华人民共和国公安部第82号令是《互联网安全保护技术措施规定》(以下简称《规定》),《规定》于2005年12月13日正式颁布,并立即实施。 (　　)

7. 中华人民共和国公安部第82号令是《互联网安全保护技术措施规定》(以下简称《规定》),《规定》于2005年12月13日正式颁布,并于2006年3月1日起实施。 (　　)

8.《互联网安全保护技术措施规定》是国家信息网络应急处置中心于2005年12月13日正式颁布的,并于2006年3月1日起实施。 (　　)

9. 互联网服务提供者,是指向用户提供互联网接入服务(ISP)、互联网数据中心服务(IDC)、互联网信息服务(ICP)和互联网上网服务的单位。ISP是Internet Server Provider的缩写,意为Internet服务提供商。ICP是Internet Content Provider的缩写,意为Internet内容提供商。IDC是Internet Data Center的缩写,意为提供互联网数据中心服务的单位。 (　　)

10.《互联网安全保护技术措施规定》根据《全国人大常委会关于维护互联网安全的决定》,对互联网服务单位和联网单位落实安全保护技术措施提出了明确、具体和可操作性的要求,保证了安全保护技术措施的科学、合理和有效地实施。 (　　)

11.《互联网安全保护技术措施规定》主要内容包括立法宗旨、适用范围、互联网服务单位和联网使用单位及公安机关的法律责任、安全保护技术措施要求、措施落实与监督和相关名词术语解释等6个方面19条的内容。 (　　)

12.《互联网安全保护技术措施规定》要求,公安机关在依法监督检查时,监督检查人

员不得少于两人，并应当出示执法身份证件，互联网服务单位、联网单位应当派人参加。（　　）

13.《互联网安全保护技术措施规定》中所称互联网安全保护技术措施指的是保障互联网网络安全和信息安全、防范违法犯罪的技术设施和技术方法。（　　）

14.《互联网安全保护技术措施规定》中所称互联网安全保护技术措施指的是保障互联网安全的网络安全技术总称。（　　）

15. 公共信息网络安全监察部门进行安全监督检查的工作程序是：①实施安全监督检查，一般应事先通知被检查单位，并要求其安全员参加；②进行安全监督检查应两名以上民警参加，并出示有关证件；③安全检查时，必须认真填写有关检查笔录或专项检查报告。并由被检查单位计算机信息网络安全负责人和公安机关网监部门的检查人员签字，分别存档备查；④对计算机信息系统进行攻击性检测，应事前作出检测方案及攻击力度规定，报领导批准，检测报告严格保密，归档管理。（　　）

16. 公共信息网络安全监察部门进行安全监督检查的工作程序是：①进行安全监督检查应两名以上民警参加，并出示有关证件；②安全检查时，必须认真填写有关检查笔录或专项检查报告，并存档备查；③对计算机信息系统进行攻击性检测，应事前作出检测方案及攻击力度规定，报领导批准，检测报告严格保密，归档管理。（　　）

17. 重要数据库和系统主要设备的冗灾备份措施是《互联网安全保护技术措施规定》所规定的互联网服务提供者和联网使用单位应当落实的互联网安全保护技术措施之一。（　　）

18. 防范计算机病毒、网络入侵和攻击破坏等危害网络安全事项或者行为的技术措施是《互联网安全保护技术措施规定》所规定的互联网服务提供者和联网使用单位应当落实的互联网安全保护技术措施之一。（　　）

19. 记录并留存用户登录和退出时间、主叫号码、账号、互联网地址或域名、系统维护日志的技术措施是《互联网安全保护技术措施规定》所规定的互联网服务提供者和联网使用单位应当落实的互联网安全保护技术措施之一。（　　）

20. 提供互联网接入服务的单位除落实《互联网安全保护技术措施规定》第 7 条规定的互联网安全保护技术措施外，还应当落实的安全保护技术措施有：记录并留存用户注册信息；使用内部网络地址与互联网网络地址转换方式为用户提供接入服务的，能够记录并留存用户使用的互联网网络地址和内部网络地址对应关系；记录、跟踪网络运行状态，监测、记录网络安全事件等安全审计功能。（　　）

21. 提供互联网接入服务的单位除落实《互联网安全保护技术措施规定》第 7 条规定的互联网安全保护技术措施外，还应当落实的安全保护技术措施有：记录并留存用户注册信息；记录、跟踪网络运行状态，监测、记录网络安全事件等安全审计功能。（　　）

22. 提供互联网接入服务的单位除落实《互联网安全保护技术措施规定》第 7 条规定的互联网安全保护技术措施外，还应当落实的安全保护技术措施包括记录并留存用户注册信息。（　　）

23. 提供互联网接入服务的单位除落实《互联网安全保护技术措施规定》第 7 条规定的互联网安全保护技术措施外，还应当落实的安全保护技术措施包括使用内部网络地址

与互联网网络地址转换方式为用户提供接入服务的，能够记录并留存用户使用的互联网网络地址和内部网络地址对应关系。（　）

24. 提供互联网接入服务的单位除落实《互联网安全保护技术措施规定》第7条规定的互联网安全保护技术措施外，还应当落实的安全保护技术措施包括记录、跟踪网络运行状态，监测、记录网络安全事件等安全审计功能。（　）

25. 提供互联网信息服务的单位除落实《互联网安全保护技术措施规定》第7条规定的互联网安全保护技术措施外，还应当落实的安全保护技术措施有：在公共信息服务中发现、停止传输违法信息，并保留相关记录；提供新闻、出版以及电子公告等服务的，能够记录并留存发布的信息内容及发布时间；开办门户网站、新闻网站、电子商务网站的，能够防范网站、网页被篡改，被篡改后能够自动恢复；开办电子公告服务的，具有用户注册信息和发布信息审计功能；开办电子邮件和网上短信服务的，能够防范、清除以群发方式发送伪造、隐匿信息发送者真实标记的电子邮件或者短信。（　）

26. 提供互联网信息服务的单位除落实《互联网安全保护技术措施规定》第7条规定的互联网安全保护技术措施外，还应当落实的安全保护技术措施有：在公共信息服务中发现、停止传输违法信息，并保留相关记录；提供新闻、出版以及电子公告等服务的，能够记录并留存发布的信息内容及发布时间；开办电子邮件和网上短信服务的，能够防范、清除以群发方式发送伪造、隐匿信息发送者真实标记的电子邮件或者短信。（　）

27. 提供互联网信息服务的单位除落实《互联网安全保护技术措施规定》第7条规定的互联网安全保护技术措施外，还应当落实的安全保护技术措施包括在公共信息服务中发现、停止传输违法信息，并保留相关记录。（　）

28. 提供互联网信息服务的单位除落实《互联网安全保护技术措施规定》第7条规定的互联网安全保护技术措施外，还应当落实的安全保护技术措施包括提供新闻、出版以及电子公告等服务的，能够记录并留存发布的信息内容及发布时间。（　）

29. 提供互联网信息服务的单位除落实《互联网安全保护技术措施规定》第7条规定的互联网安全保护技术措施外，还应当落实的安全保护技术措施包括开办门户网站、新闻网站、电子商务网站的，能够防范网站、网页被篡改，被篡改后能够自动恢复。（　）

30. 提供互联网信息服务的单位除落实《互联网安全保护技术措施规定》第7条规定的互联网安全保护技术措施外，还应当落实的安全保护技术措施包括开办电子公告服务的，具有用户注册信息和发布信息审计功能。（　）

31. 提供互联网信息服务的单位除落实《互联网安全保护技术措施规定》第7条规定的互联网安全保护技术措施外，还应当落实的安全保护技术措施包括开办电子邮件和网上短信服务的，能够防范、清除以群发方式发送伪造、隐匿信息发送者真实标记的电子邮件或者短信。（　）

32. 《互联网安全保护技术措施规定》中所称联网使用单位是指连接并使用互联网的单位或个人。（　）

33. 《互联网安全保护技术措施规定》中所称联网使用单位指的是为本单位应用需要连接并使用互联网的单位。（　）

34. 《互联网安全保护技术措施规定》中所称互联网服务提供者是指向用户提供互联

网接入服务、互联网数据中心服务、互联网信息服务的单位。　　(　　)

35.《互联网安全保护技术措施规定》中所称互联网服务提供者是指向用户提供互联网接入服务、互联网数据中心服务、互联网信息服务和互联网上网服务的单位。　　(　　)

36.《互联网安全保护技术措施规定》中所称提供互联网数据中心服务的单位指的是提供主机托管、租赁服务的单位。　　(　　)

37.《互联网安全保护技术措施规定》中所称提供互联网数据中心服务的单位指的是提供主机托管、租赁和虚拟空间租用等服务的单位。　　(　　)

二、选择题

1. 互联网单位备案管理对象中的 ISP、ICP、IDC 分别表示(　　)。

A. 互联网信息服务单位、互联网接入服务单位、互联网数据中心

B. 互联网信息服务单位、互联网数据中心、互联网接入服务单位

C. 互联网接入服务单位、互联网信息服务单位、互联网数据中心

D. 互联网接入服务单位、互联网数据中心、互联网信息服务单位

2. 互联网单位备案管理的对象不包括(　　)。

A. 互联网接入服务单位(ISP)　　B. 互联网数据中心(IDC)

C. 互联网信息服务单位(ICP)　　D. 互联网联网单位

E. 互联网上网服务营业场所　　F. 个人联网用户

G. 共同管辖的互联网单位　　H. 移动终端

3. 中华人民共和国公安部第(　　)号令是《互联网安全保护技术措施规定》。

A. 33　　B. 363　　C. 82　　D. 147

4.《互联网安全保护技术措施规定》于(　　)正式颁布,并于 2006 年 3 月 1 日起实施。

A. 12 月 10 日　　B. 12 月 11 日　　C. 12 月 12 日　　D. 12 月 13 日

5. 互联网服务提供者应当落实哪些互联网安全保护技术措施(　　)。

A. 防范计算机病毒、网络入侵和攻击破坏等危害网络安全事项或者行为的技术措施

B. 重要数据库和系统主要设备的冗灾备份措施

C. 记录并留存用户登录和退出时间、主叫号码、账号、互联网地址或域名、系统维护日志的技术措施

D. 法律、法规和规章规定应当落实的其他安全保护技术措施

6.《互联网安全保护技术措施规定》根据(　　),对互联网服务单位和联网单位落实安全保护技术措施提出了明确、具体和可操作性的要求,保证了安全保护技术措施的科学、合理和有效地实施。

A.《互联网上网服务营业场所管理条例》

B.《计算机信息网络国际联网安全保护管理办法》

C.《全国人大常委会关于维护互联网安全的决定》

D.《计算机信息网络安全保护管理办法》

7.《互联网安全保护技术措施规定》主要内容包括立法宗旨、适用范围、互联网服务单位和联网使用单位及公安机关的法律责任、安全保护技术措施要求、措施落实与监督和

相关名词术语解释等6个方面(　　)条的内容。

A. 18　　B. 19　　C. 28　　D. 29

8.《互联网安全保护技术措施规定》要求,公安机关在依法监督检查时,监督检查人员不得少于(　　)人,并应当出示执法身份证件,互联网服务单位、联网单位应当派人参加。

A. 2　　B. 3　　C. 4　　D. 5

9.《互联网安全保护技术措施规定》中所称互联网安全保护技术措施指的是保障(　　)的技术设施和技术方法。

A. 网络安全和信息安全、防范违法犯罪

B. 互联网网络安全、防范违法犯罪

C. 互联网网络安全和信息安全

D. 互联网网络安全和信息安全、防范违法犯罪

10. 下列(　　)不是《互联网安全保护技术措施规定》所规定的互联网服务提供者和联网使用单位应当落实的互联网安全保护技术措施。

A. 上网用户的互联网地址类型或者域名类型

B. 防范计算机病毒、网络入侵和攻击破坏等危害网络安全事项或者行为的技术措施

C. 重要数据库和系统主要设备的冗灾备份措施

D. 记录并留存用户登录和退出时间、主叫号码、账号、互联网地址或域名、系统维护日志的技术措施

11.《互联网安全保护技术措施规定》中所称互联网服务提供者指的是(　　)。

A. 向用户提供互联网接入服务的单位

B. 向用户提供互联网接入服务、互联网数据中心服务的单位

C. 向用户提供互联网接入服务、互联网数据中心服务、互联网信息服务的单位

D. 向用户提供互联网接入服务、互联网数据中心服务、互联网信息服务和互联网上网服务的单位

12.《互联网安全保护技术措施规定》中所称提供互联网数据中心服务的单位指的是(　　)。

A. 提供主机托管、租赁服务的单位

B. 提供虚拟空间租用服务的单位

C. 提供主机托管、租赁和虚拟空间租用等服务的单位

D. 以上都不对

13. 以下(　　)是互联网联网单位、接入服务和信息服务单位应当落实的安全保护管理制度。

A. 安全组织的建立,安全管理员、信息审核员的安全责任制度

B. 新闻组、BBS等交互信息栏目及个人主页等信息服务栏目的安全管理责任制度

C. 信息发布审核、登记制度

D. 信息巡查、保存、清除和备份制度

E. 病毒和网络安全漏洞检测制度

F. 安全教育和培训制度

G. 备案制度

H. 异常情况及违法犯罪案件报告和协助查处制度

I. 账号使用登记和操作权限管理制度

14.《互联网安全保护技术措施规定》主要内容包括(　　)。

A. 立法宗旨

B. 适用范围

C. 互联网服务单位和联网使用单位

D. 公安机关的法律责任

E. 安全保护技术措施要求

F. 措施落实与监督和相关名词术语解释

G. 互联网安全保护方面的司法解释

15. 根据《互联网安全保护技术措施规定》第二条之规定,互联网安全保护技术措施,是指保障(　　)的技术设施和技术方法。

A. 互联网网络安全　　B. 信息安全

C. 专网网络安全　　D. 防范违法犯罪

16.《互联网安全保护技术措施规定》所规定的互联网服务提供者和联网使用单位应当落实的互联网安全保护技术措施包括(　　)。

A. 防范计算机病毒、网络入侵和攻击破坏等危害网络安全事项或者行为的技术措施

B. 重要数据库和系统主要设备的冗灾备份措施

C. 记录并留存用户登录和退出时间、主叫号码、账号、互联网地址或域名、系统维护日志的技术措施

D. 法律、法规和规章应当落实的其他安全保护技术措施

17. 提供互联网接入服务的单位除落实《互联网安全保护技术措施规定》第 7 条规定的互联网安全保护技术措施外,还应当落实具有(　　)功能的安全保护技术措施。

A. 记录并留存用户注册信息

B. 使用内部网络地址与互联网网络地址转换方式为用户提供接入服务的,能够记录并留存用户使用的互联网网络地址和内部网络地址对应关系

C. 记录、跟踪网络运行状态,监测、记录网络安全事件等安全审计功能

D. 记录并留存用户登录和退出时间、主叫号码、账号、互联网地址或域名、系统维护日志的技术措施

18. 提供互联网信息服务的单位除落实《互联网安全保护技术措施规定》第 7 条规定的互联网安全保护技术措施外,还应当落实具有(　　)功能的安全保护技术措施。

A. 在公共信息服务中发现、停止传输违法信息,并保留相关记录

B. 提供新闻、出版以及电子公告等服务的,能够记录并留存发布的信息内容及

发布时间

C. 开办门户网站、新闻网站、电子商务网站的，能够防范网站、网页被篡改，被篡改后能够自动恢复

D. 开办电子公告服务的，具有用户注册信息和发布信息审计功能

E. 开办电子邮件和网上短信服务的，能够防范、清除以群发方式发送伪造、隐匿信息发送者真实标记的电子邮件或者短信

第5章 互联网上网服务营业场所安全管理

5.1 互联网上网服务营业场所概述

5.1.1 互联网上网服务营业场所基本概念

互联网上网服务营业场所，是指通过计算机等装置向公众提供互联网上网服务的网吧、计算机休闲室等营业性场所。

学校、图书馆、宾馆、咖啡厅等单位内部附设的为特定对象获取资料、信息提供上网服务的场所不属于本章所称的互联网上网服务营业场所。

5.1.2 互联网上网服务营业场所监管依据

对互联网上网服务营业场所的监管依据主要是《互联网上网服务营业场所管理条例》，国务院第363号令。本条例2002年8月14日国务院第62次常务会议通过，自2002年11月15日起施行。2001年4月3日信息产业部、公安部、文化部、国家工商行政管理局发布的《互联网上网服务营业场所管理办法》同时废止。

此条例制定的意义是为了加强对互联网上网服务营业场所的管理，规范经营者的经营行为，维护公众和经营者的合法权益，保障互联网上网服务经营活动健康发展，促进社会主义精神文明建设。

这个条例的前身是办法，有一个纵火案件促成了此条例的颁布。2002年6月16日凌晨2时40分许，北京海淀区学院路20号院内“蓝极速”网吧发生火灾，死25人，伤12人。来上网的人基本上都是高校或中学的学生。蓝极速网吧内有煤气罐，可以为服务员和上网的人做饭。网吧所在二层楼窗户被铁栅栏封起来，如图5-1和图5-2所示。网吧建筑面积220m^2，有近百台计算机。网吧的一层只有一个小屋，没有计算机。从一层到二层的楼梯及二层地面上都铺着地毯。二层有一间上网大厅，5个机房，另外还有一间服务员休息室和一间厕所。平常1小时3元，晚上12时至第二天早8时连续上网只需要12元。因为价格便宜，网速又快，所以附近很多学生来这里上网。

当时网吧数量非常多，良莠不齐。对网吧管理混乱，经营无序，事故不断，有很多黑网吧就开在居民楼里，在巴掌大的地方摆几台计算机就是网吧了。有的网吧还设有单间，里面不仅有计算机，还有床和卫生间，甚至存在色情包间。此条例加大了对网吧的管理力度，防止网吧过多过滥，接纳未成年人等违法违规经营，及时取缔黑网吧。

图 5-1 蓝极速网吧外景

图 5-2 蓝极速网吧窗户栅栏

这个条例涉及的很多内容都与蓝极速网吧的情况一致。网吧里会经常有赌博(有利用互联网进行赌博的,还有老板建立局域网进行赌博的)、色情、盗窃的情况发生,在多年的监督管理下,网吧违法现象得到遏制。

5.1.3 对互联网上网服务营业场所监管意义

1. 互联网上网服务营业场所内上网人员多而复杂

中国互联网络信息中心(CNNIC)2011 年 7 月 19 日发布第 28 次中国互联网络发展状况统计报告。报告称,截至 2011 年 6 月 30 日,我国网民总数达到 4.85 亿,互联网普及率为 36.2%,较 2010 年年底提高 1.9%。尽管网民规模仍然保持增长,但是增长速度明显减缓。2011 年上半年网民增长率为 6.1%,是近年来最低水平。新增网民为 2770 万,网民增长的绝对数量也小于去年同期(2010 年上半年)3600 万的水平。2011 年上半年,91.3%的网民在家上网,在网吧、单位和公共场所上网的网民分别为 26.7%、33.0%和 14.8%。在网吧上网的比例从 35.7%降低至 26.7%,下降 9%,在网吧上网的网民减少 3376 万,如图 5-3～图 5-5 所示。但是,仍然有 1 亿多网民选择在网吧上网进行娱乐和消费。网吧是中国网民上网的第三大场所。因此,对网吧的监管仍然不可松懈。

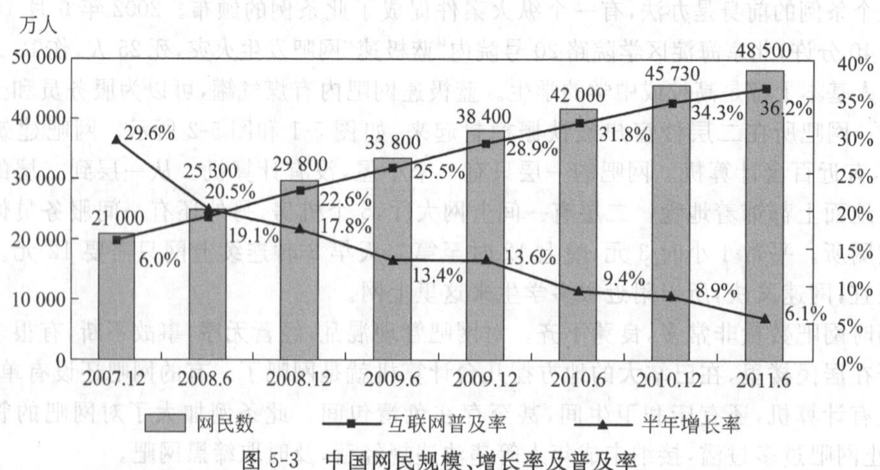

图 5-3 中国网民规模、增长率及普及率

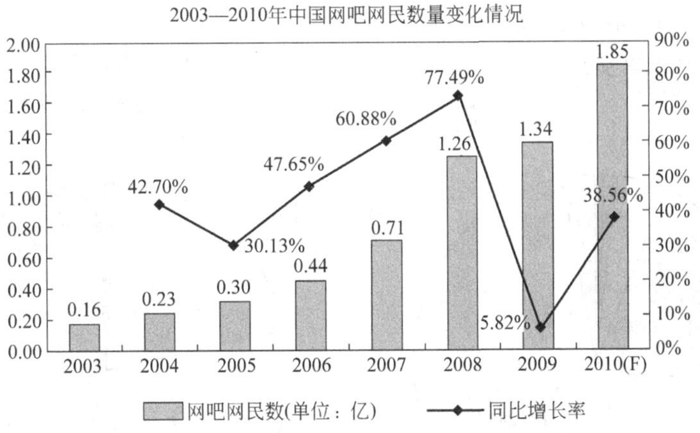

图 5-4　2003－2010 年中国网吧网民数量变化情况

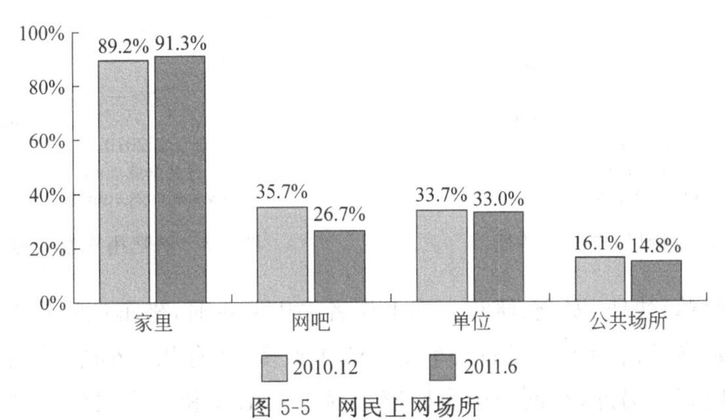

图 5-5　网民上网场所

在网吧上网的人不仅数量巨大，而且人员复杂，非常容易藏污纳垢。根据图 5-5，选择在网吧上网的人员一般是家里和单位上不了网的人员。家里和单位上不了网的人员一般分为几类：一是低收入人群，家里买不起计算机或装不起宽带，单位也没有上网条件的人，如图 5-6 所示。二是未成年人，在家里父母监管不允许上网，在学校也没有上网条件，如图 5-7 所示。三是高校学生，他们一般会选择在学校上网，但是学校上网条件有限，所以会首先到网吧上网，如图 5-8 所示。四是流动人口，他们在一个地方是暂时居住，不会在上网条件上投入太多，因此，也会选择在网吧上网。五是犯罪嫌疑人，嫌疑人作案一般会选择在夜深人静的时候，在等待作案的时间里，他们往往会选择在网吧落脚，费用低，还可以上网、打游戏，打发、消磨时间等待作案时机。网吧遍地都是，有利于他们选择在作案地附近等待。

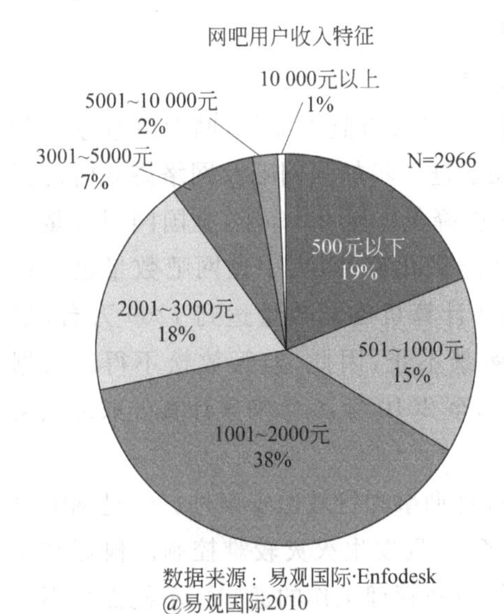

图 5-6　网吧用户收入特征

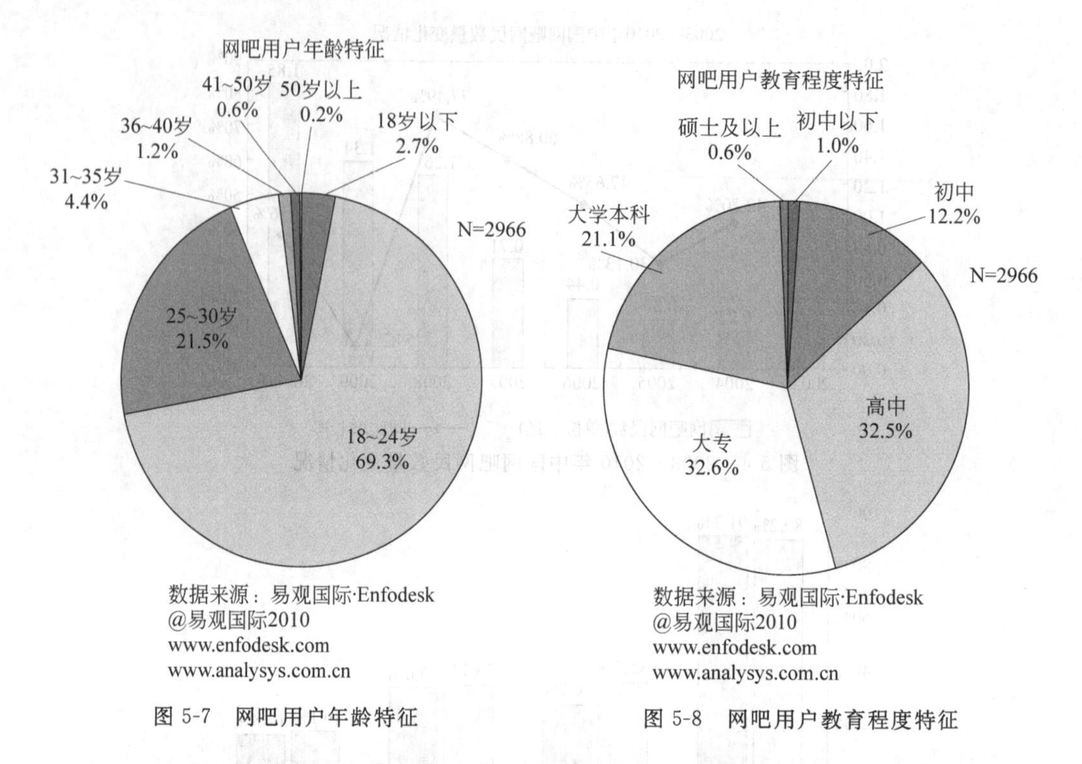

图 5-7　网吧用户年龄特征　　图 5-8　网吧用户教育程度特征

网吧上网简单、快捷、安全、便宜。本书作者去内蒙古时，坐车从阿尔山到乌兰浩特是晚上 10 点多，从乌兰浩特到沈阳的火车是半夜 1 点多，还有几个小时，当时就是首选在网吧里度过这些时间。另外，在网吧中也比较容易发生治安和刑事案件。例如就有一个杀人案件发生在网吧，起因就是一个人在网络游戏中的任务被另一个人打死了，由于太生气了就找到了这个人所在网吧实施了杀人行为。

2. 互联网上网服务营业场所数量多而复杂

2002 年的蓝极速网吧纵火案发生以后，对网吧的准入与监管加强，网吧的数量得到控制。2007 年 2 月，文化部等 14 部委联合发出《关于进一步加强网吧及网络游戏管理工作的通知》，要求不再增发新牌照，网吧数量增长速度降低。至 2009 年，全国网吧总量达到 16.8 万家，如图 5-9 所示。同时，政府鼓励网吧连锁化经营，大中型网吧数量也在提高，网吧计算机终端数量不断上升，至 2009 年，网吧计算机终端数量达到 1260 万台，如图 5-10 所示。网吧数量巨大，同时，黑网吧也是屡禁不止，因此，监管放松不得。根据《2010 年中国网吧市场年度报告》，从执法查处来看，至 2010 年，6 年来累计查处取缔黑网吧 13 万余家。

网吧不仅数量巨大，而且情况复杂，容易发生各种刑事和行政治安案件。一是网吧自身的安全问题，网吧内计算机、电线等易燃物品众多，一旦发生火灾较难控制。根据文化部等 14 部委联合发出《关于进一步加强网吧及网络游戏管理工作的通知》，单机面积不得少于 $2m^2$，网吧仍然属于人员密集的地方，容易造成群死群伤。二是网吧的机时费大幅下降。从 1996 年上海的第一家网吧 30 元一个小时，到现在最便宜 1 元一个小时，网吧的利

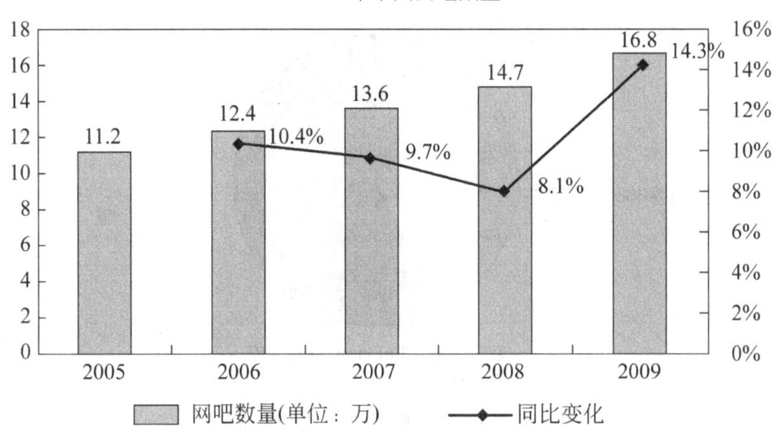

图 5-9　2005—2009 年中国网吧数量

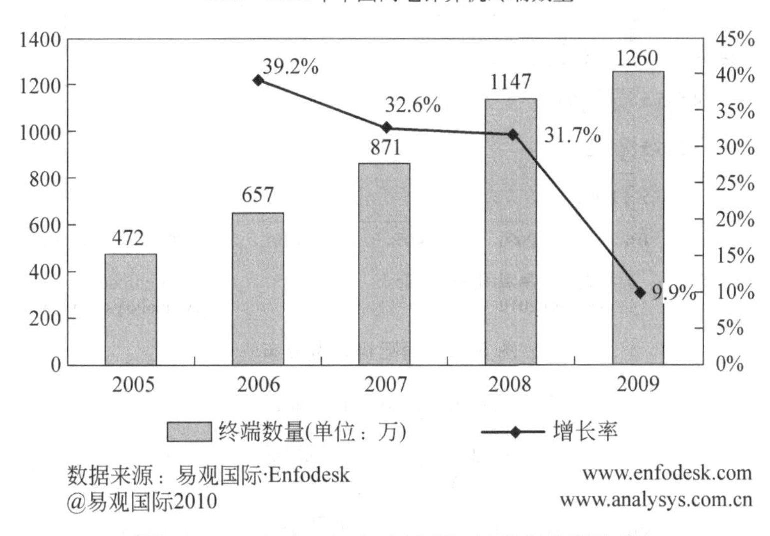

图 5-10　2005—2009 年中国网吧计算机终端数量

润已经降低很多，如图 5-11～图 5-13 所示。根据《2010 年网吧行业调查报告》中数据显示，58%的网吧业主表示营收环比下滑。所以，网吧为了利益就要开发其他项目，甚至开发一些违法项目。例如，网吧安装暴力游戏、以网吧服务器经营色情网站等，造成暴力、色情等有害信息在网吧的传播，对社会造成危害。三是网吧上网人员复杂，所以容易发生案件。例如，网吧内经常发生盗窃、伤害等案件。例如，2011 年 10 月 18 日早晨，兰州某网吧，在众多网民眼皮底下，一名上网者被歹徒敲头杀害并抢走现金 2300 元。

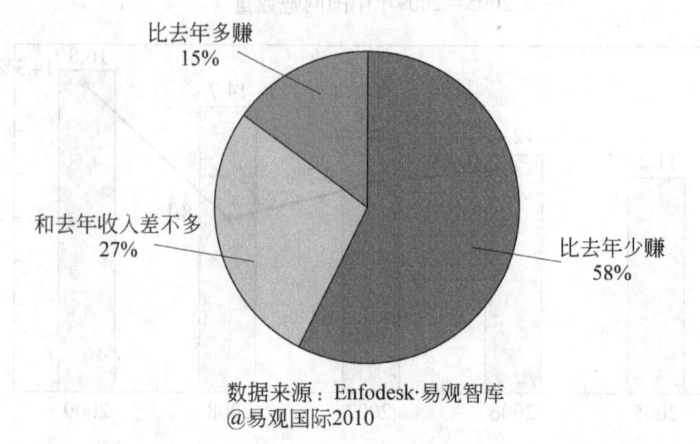

图 5-11　中国网吧营收环比变化情况

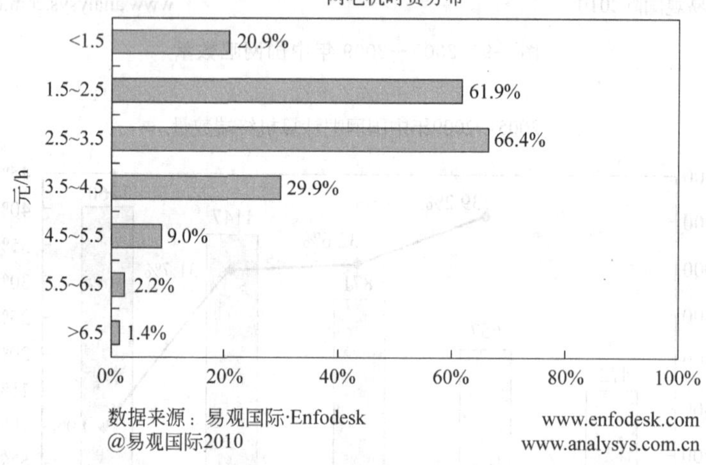

图 5-12　网吧机时费分布

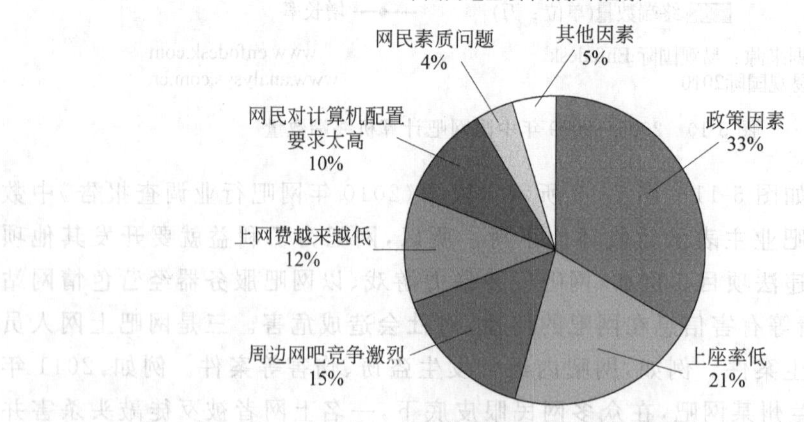

图 5-13　中国网吧业绩下滑影响因素

5.2 互联网上网服务营业场所设立条件

国家对互联网上网服务营业场所经营单位的经营活动实行许可制度。未经许可，任何组织和个人不得设立互联网上网服务营业场所，不得从事互联网上网服务经营活动。未经许可的互联网上网服务营业场所通常称为黑网吧。

设立互联网上网服务营业场所经营单位，应当采用企业的组织形式。在 2002 年《互联网上网服务营业场所管理条例》颁布之前，互联网上网服务营业场所是个体工商户，之后是企业的形式，可以是个人独资企业，也可以是合伙企业。要求采用企业的组织模式来提高网吧的进入门槛。那么，在认定和网吧有关的案子时，就要注意这一点。例如，A 与 B 合资开一网吧，约定利益平均分配。A 雇佣收银员 A1，B 雇佣收银员 B1，A1 与 B1 轮流收银，然后将收益汇总由 A 和 B 分配。A1 和 B1 收取的现金在计算机中同时进行记录，计算机管理权限的密码只有 A 和 B 知晓。但后来 A 发现计算机记录被修改，经查得知 B1 知道了计算机管理权限的密码，当轮到 B1 收银时，B1 自己留下一部分钱款，并同时将计算机中的记录进行修改，使得他人没有察觉。至案发，B1 非法所得达两万余元。关于 B1 的行为构成的定性问题有几种观点。第一种是认为 B1 的行为构成盗窃罪。因为 B1 的行为是指以非法占有为目的，秘密窃取数额较大的公私财物的行为。第二种观点认为 B1 的行为构成职务侵占罪。因为网吧是企业，B1 非法得到的钱款是利用职务之便获得，所以应该构成职务侵占罪。第三种观点认为，B1 的行为是诈骗罪，因为 B1 的密码是欺骗得来的，所以构成诈骗罪。作者认同第二种观点。首先，B1 是特殊主体，网吧是企业，B1 是公司、企业或者其他单位的人员。其次，B1 将本单位财物非法占为己有是利用职务上的便利，如果 B1 不是收银员，那么，她就没有机会占有单位财务。再者，B1 的密码不管是盗取来的，还是欺骗得来的，都不影响定性，因为获得密码的方式只是一种手段。最后，数额达到量刑标准。根据最高人民检察院、公安部《关于经济犯罪案件追诉标准的规定》，公司、企业或者其他单位的人员，利用职务上的便利，将本单位财物非法占为己有，数额在 5000 元至 1 万元以上者应予追诉。因此，作者认为 B1 的行为构成职务侵占罪。

设立互联网上网服务营业场所需要具备下列条件。

(1) 有企业的名称、住所、组织机构和章程

在向公安机关递交的开网吧的申请表中必须注明网吧的名称、地址等内容，网吧的详细地址还应该附图说明，如图 5-14 和图 5-15 所示。

互联网上网服务营业场所申请登记表

编码 4419008978

网吧名称	××市××网络有限公司		网吧代码	1649
网　吧 详细地址	××市××镇××社区××××街×××楼			
法定代表人 姓　名	×××	身份证号	××××××××××××××××××	
联系电话	×××××××××××	网吧电话	××××××××	

图 5-14　企业名称、住所

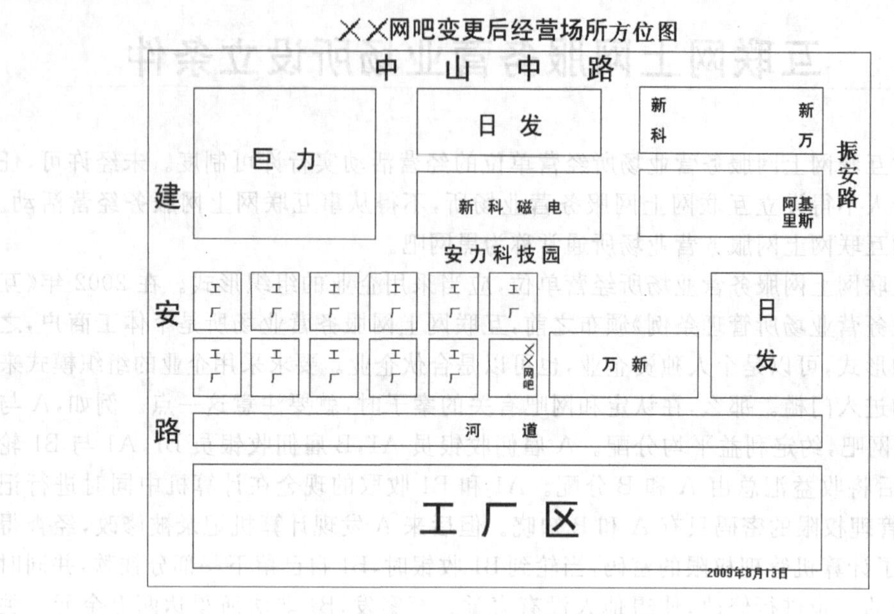

图 5-15　网吧经营场所方位图

(2) 有与其经营活动相适应的资金

2002 年 6 月 16 日蓝极速网吧纵火案件之后，网吧成为限制性行业，全国停止审批经营网吧的《网络文化经营许可证》。2003 年 6 月，文化部开始推行“10＋3”(10 家全国性连锁，每省 3 家省级连锁)模式。

申报网吧连锁企业，必须具备以下条件：在一个省(自治区、直辖市)内从事连锁经营的，注册资本(金)或出资不得少于 1000 万元；从事全国性和跨省(自治区直辖市)连锁经营的，注册资本(金)或出资不得少于 5000 万元。在一个省(自治区、直辖市)内从事连锁经营的，应当有不少于 10 家直营连锁门店；从事全国性和跨省(自治区、直辖市)连锁经营的，应当在不少于两个省(自治区、直辖市)内拥有不少于 20 家直营连锁门店；直营连锁门店不得少于连锁门店总量的 10%；从事特许经营活动应当依法签订特许经营合同。

(3) 有与其经营活动相适应并符合国家规定的消防安全条件的营业场所

申请互联网上网服务营业场所，应该申请公安机关消防部门对营业场所进行实地审核，审核通过后发放消防验收合格意见书(如图 5-16 所示)方可。

(4) 有健全、完善的信息网络安全管理制度和安全技术措施

互联网上网服务营业场所必须安装防黄、防病毒软件。有些互联网上网服务营业场所为了增加收益，会有不安装防黄软件而放任上网人员浏览淫秽、色情网站的情况。还有些互联网上网服务营业场所，有不安装防病毒软件甚至自己植入盗版软件的情况。互联网上网服务营业场所还应该制定上网安全守则和安全责任书。管理制度中必须包含上网人员上网必须进行实名身份证或其他有效证件登记，并保存日志。互联网上网服务营业场所应该在显眼位置悬挂安全管理制度及使用准则，公示 110、119 及信息安全报警电话。

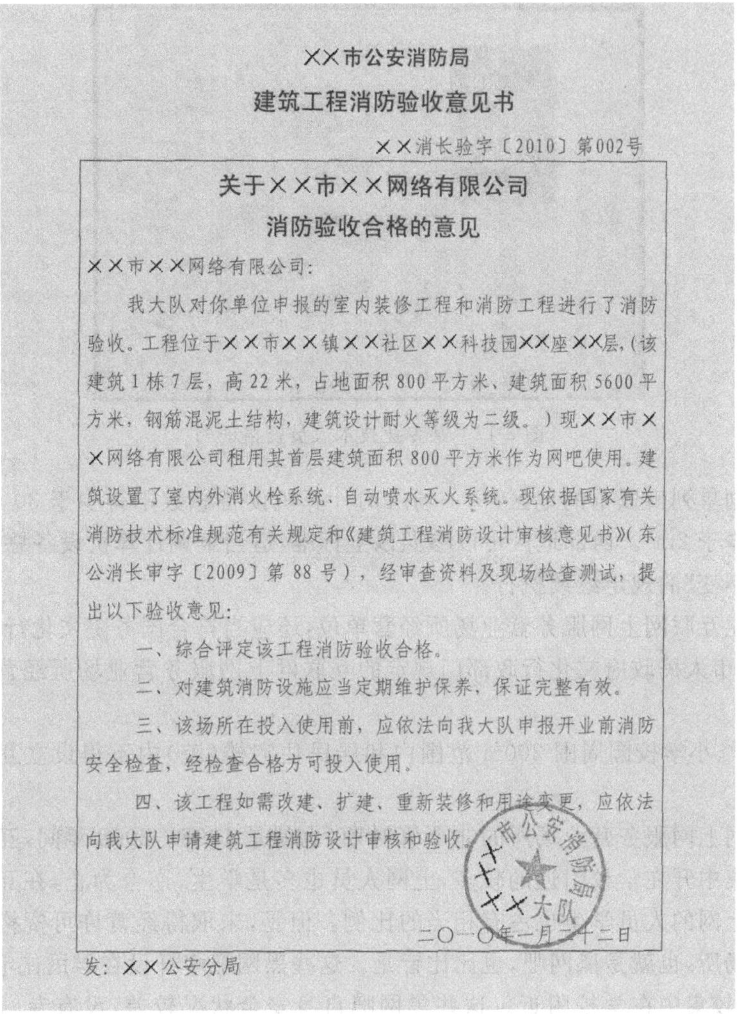

××市公安消防局

建筑工程消防验收意见书

××消长验字〔2010〕第002号

关于××市××网络有限公司

消防验收合格的意见

××市××网络有限公司:

我大队对你单位申报的室内装修工程和消防工程进行了消防验收。工程位于××市××镇××社区××科技园××座××层,(该建筑1栋7层,高22米,占地面积800平方米、建筑面积5600平方米,钢筋混泥土结构,建筑设计耐火等级为二级。)现××市××网络有限公司租用其首层建筑面积800平方米作为网吧使用。建筑设置了室内外消火栓系统、自动喷水灭火系统。现依据国家有关消防技术标准规范有关规定和《建筑工程消防设计审核意见书》(东公消长审字〔2009〕第88号),经审查资料及现场检查测试,提出以下验收意见:

一、综合评定该工程消防验收合格。

二、对建筑消防设施应当定期维护保养,保证完整有效。

三、该场所在投入使用前,应依法向我大队申报开业前消防安全检查,经检查合格方可投入使用。

四、该工程如需改建、扩建、重新装修和用途变更,应依法向我大队申请建筑工程消防设计审核和验收。

××市公安消防局××大队

二〇一〇年一月二十二日

发:××公安分局

图5-16　消防验收合格意见书

(5)有固定的网络地址和与其经营活动相适应的计算机等装置及附属设备

(6)从业人员持证上岗

有与其经营活动相适应并取得从业资格的安全管理人员、经营管理人员、专业技术人员。

互联网上网服务营业场所中的安全管理人员、经营管理人员、专业技术人员应该经过培训并取得资格证书后才能上岗工作。资格证书如图5-17所示。

(7)法律、行政法规和国务院有关部门规定的其他条件

互联网上网服务营业场所的最低营业面积、计算机等装置及附属设备数量、单机面积的标准,国务院文化行政部门已有规定。2002年5月10日文化部颁布施行的《关于加强网络文化市场管理的通知》(文市发〔2002〕10号)中规定"直辖市、省会城市和计划单列市的每一场所的计算机设备台数不得少于60台,且每台占地面积不得少于2m^2;直辖市、省

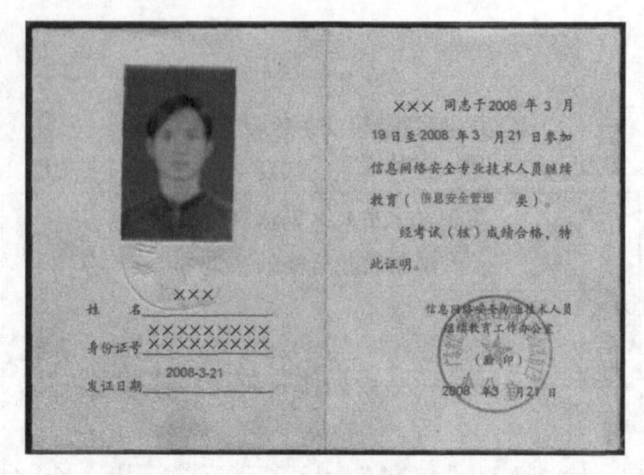

姓　　名 ×××

身份证号 ××××××××× ×××××××××

发证日期 2008-3-21

××× 同志于2008 年 3 月19日至2008 年3 月21 日参加信息网络安全专业技术人员继续教育（信息安全管理　类）。

经考试（核）成绩合格，特此证明。

信息网络安全专业技术人员继续教育工作办公室

（盖印）

2008 年3 月21 日

图 5-17　某专业技术人员资格证书

会城市和计划单列市以下的地区，每一场所的计算机设备总数不得少于 30 台，且每台占地面积不得少于 $2m^2$。西部地区可以参照以上标准，适当下调计算机设备总数，但每台占地面积标准不变”的规定继续执行。

审批设立互联网上网服务营业场所经营单位，还应当符合国务院文化行政部门和省、自治区、直辖市人民政府文化行政部门规定的互联网上网服务营业场所经营单位的总量和布局要求。

(8) 中学、小学校园周围 200m 范围内和居民住宅楼(院)内不得设立互联网上网服务营业场所

在互联网上网服务营业场所的非严管时期，也就是 1996—2002 年间，互联网上网服务营业场所集中开在学校附近的较多，上网人员也多是学生，迄今为止，在互联网上网服务营业场所上网的人员学生也占有相当的比例。但是，未取得经营许可资格的互联网上网服务营业场所，也就是黑网吧，也比比皆是。这些黑网吧多开设在居民住宅楼(院)的一二层，并且也较集中在学校附近。这些黑网吧自身安全状况较差，没有专门配备防火设施，也没有人对上网人员行为进行监督，其内部治安状况也比较差。

(9) 互联网上网服务营业场所经营单位信息网络安全变更事项审核

互联网上网服务营业场所经营单位变更营业场所地址或者对营业场所进行改建、扩建，变更计算机数量或者其他重要事项的，应当经原审核机关同意。

互联网上网服务营业场所经营单位变更名称、住所、法定代表人或者主要负责人、注册资本、网络地址或者终止经营活动的，应当依法到工商行政管理部门办理变更登记或者注销登记，并到文化行政部门、公安机关办理有关手续或者备案。

根据《互联网上网服务营业场所管理条例》第三十一条的规定，互联网上网服务营业场所经营单位违反本条例的规定，有下列行为之一的，由文化行政部门、公安机关依据各自职权给予警告，可以并处 15 000 元以下的罚款；情节严重的，责令停业整顿，直至由文化行政部门吊销《网络文化经营许可证》。本条第五项为：变更名称、住所、法定代表人或者主要负责人、注册资本、网络地址或者终止经营活动，未向文化行政部门、公安机关办理有关手续或者备案的。

5.3 互联网上网服务营业场所经营单位信息网络安全审核和变更备案办理程序

5.3.1 互联网上网服务营业场所申请程序

互联网上网服务营业场所的审批程序比较复杂，互联网上网服务营业场所法定代表人需要到多个部门办理审批手续，包括文化行政部门、公安机关、工商行政管理部门、电信、税务等部门。申请具体程序如图 5-18 所示。

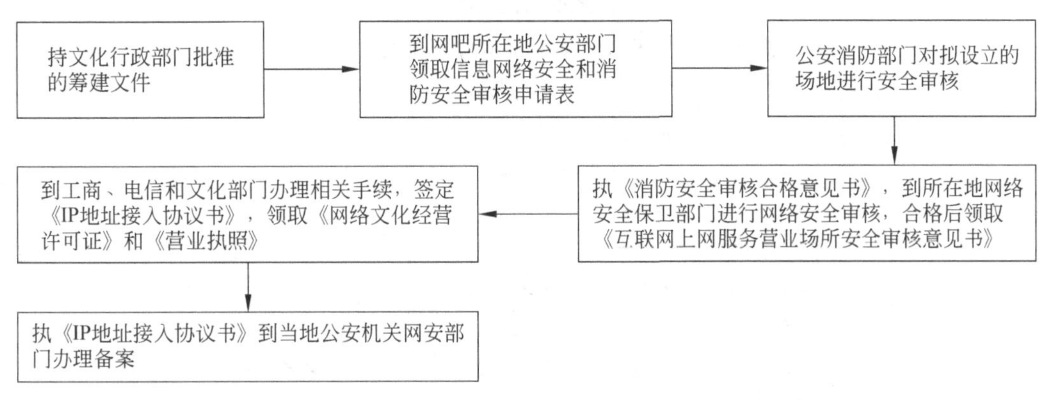

图 5-18　互联网上网服务营业场所申请流程图

县级以上人民政府文化行政部门负责互联网上网服务营业场所经营单位的设立审批，并负责对依法设立的互联网上网服务营业场所经营单位经营活动的监督管理。最终审批合格后，发放网络文化经营许可证，如图 5-19 所示。

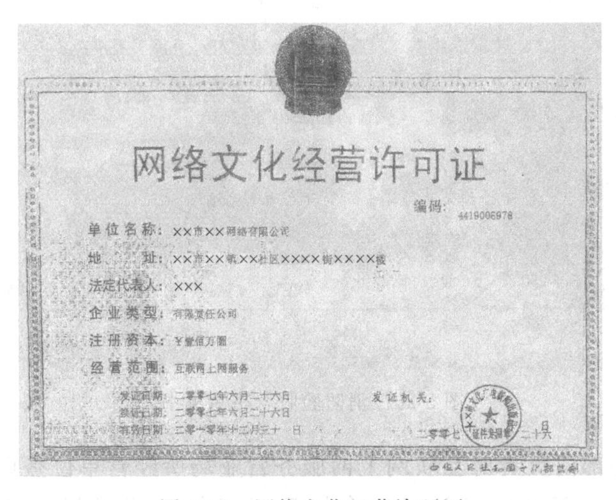

网络文化经营许可证

编码：4419006978

单位名称：××市××网络有限公司

地　　址：××市××镇××社区××××街××××楼

法定代表人：×××

企业类型：有限责任公司

注册资本：￥壹佰万圆

经营范围：互联网上网服务

发证日期：二零零七年六月二十六日

换证日期：二零零七年六月二十六日

发证机关：

图 5-19　网络文化经营许可证

公安机关负责对互联网上网服务营业场所经营单位的信息网络安全、治安及消防安全的监督管理。为保证网络信息安全，公安机关要求互联网上网服务营业场所必须安装杀毒软件、防火墙等安全专用产品，同时，互联网上网服务营业场所还必须安装安全管理软件、安全管理技术措施等软件。公安机关负责维护互联网上网服务营业场所的治安状况，互联网上网服务营业场所比较容易发生盗窃、打架斗殴案件，上网人员也时有浏览有害信息的状况。因为互联网上网服务营业场所经常发生治安刑事案件，现在互联网上网服务营业场所应该安装视频监控系统，以利于公安机关掌握网吧内的情况，视频监控资料一般要求保存 30 日。公安消防部门对拟设立的场地进行安全审核，合格后发放消防验收合格意见书，如图 5-20 所示。

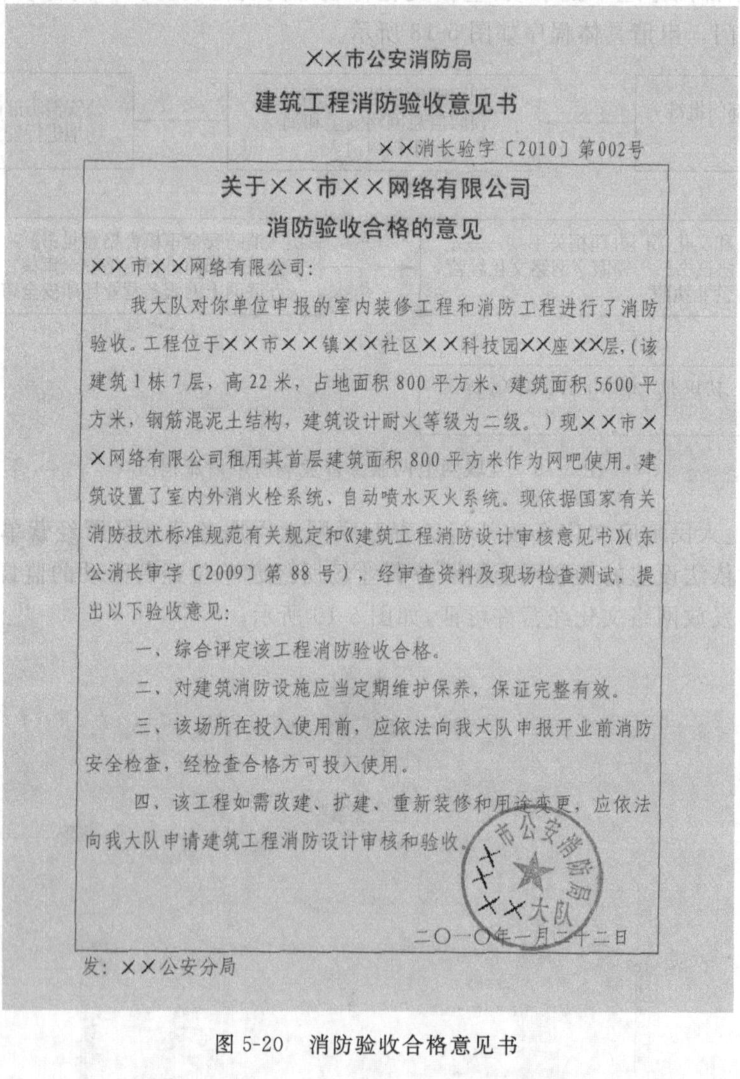

××市公安消防局

建筑工程消防验收意见书

××消长验字〔2010〕第002号

关于××市××网络有限公司

消防验收合格的意见

××市××网络有限公司：

我大队对你单位申报的室内装修工程和消防工程进行了消防验收。工程位于××市××镇××社区××科技园××座××层，（该建筑1栋7层，高22米，占地面积800平方米、建筑面积5600平方米，钢筋混泥土结构，建筑设计耐火等级为二级。）现××市××网络有限公司租用其首层建筑面积800平方米作为网吧使用。建筑设置了室内外消火栓系统、自动喷水灭火系统。现依据国家有关消防技术标准规范有关规定和《建筑工程消防设计审核意见书》（东公消长审字〔2009〕第88号），经审查资料及现场检查测试，提出以下验收意见：

一、综合评定该工程消防验收合格。

二、对建筑消防设施应当定期维护保养，保证完整有效。

三、该场所在投入使用前，应依法向我大队申报开业前消防安全检查，经检查合格方可投入使用。

四、该工程如需改建、扩建、重新装修和用途变更，应依法向我大队申请建筑工程消防设计审核和验收。

××市公安消防局 ××大队

二〇一〇年一月二十二日

发：××公安分局

图 5-20　消防验收合格意见书

工商行政管理部门负责对互联网上网服务营业场所经营单位登记注册和营业执照的管理，并依法查处无照经营活动。合格后工商行政管理部门发放营业执照，如图 5-21 所示。电信部门负责开通宽带服务；税务部门负责办理税务证；物价部门负责办理收费证。

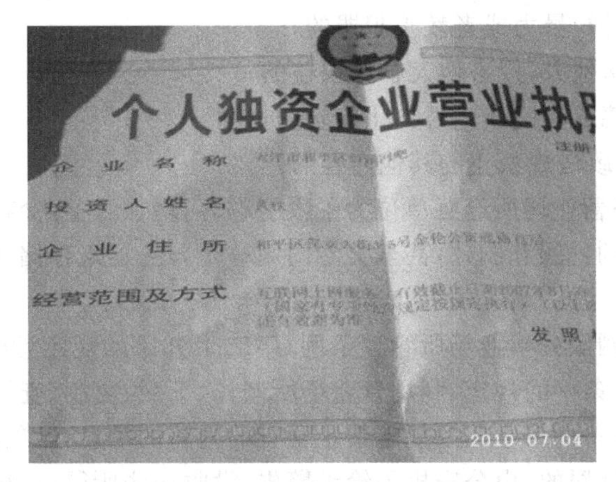

图 5-21 互联网上网服务营业场所营业执照

5.3.2 互联网上网服务营业场所经营单位办理审批及备案手续需提供的材料

(1) 文化部门批准的筹建文件;

(2) 消防安全审核合格意见书;

(3) 固定的 IP 地址接入协议书;

(4) 与其经营活动相适应的安全管理人员、经营管理人员、专业技术人员的从业资格证;

(5) 网络安全技术措施及其管理制度;

(6) 企业名称核准通知书;

(7) 企业章程、法人身份证明材料;

(8) 营业场所、房屋产权证或房屋租赁合同协议书。

5.4 互联网上网服务营业场所经营单位行为规范

(1) 互联网上网服务营业场所经营单位不得使用有害信息。

互联网上网服务营业场所经营单位和上网消费者不得利用互联网上网服务营业场所制作、下载、复制、查阅、发布、传播或者以其他方式使用含有下列内容的信息。

① 反对宪法确定的基本原则的;

② 危害国家统一、主权和领土完整的;

③ 泄漏国家秘密,危害国家安全或者损害国家荣誉和利益的;

④ 煽动民族仇恨、民族歧视,破坏民族团结,或者侵害民族风俗、习惯的;

⑤ 破坏国家宗教政策,宣扬邪教、迷信的;

⑥ 散布谣言,扰乱社会秩序,破坏社会稳定的;

⑦ 宣传淫秽、赌博、暴力或者教唆犯罪的;

⑧ 侮辱或者诽谤他人,侵害他人合法权益的;

⑨ 危害社会公德或者民族优秀文化传统的;

⑩ 含有法律、行政法规禁止的其他内容的。

互联网上网服务营业场所经营单位为了吸引顾客,增加收益,会在计算机硬盘里存储淫秽色情、低级庸俗的视频和图片,甚至会专门用一个服务器来存储这些内容供上网人员观看。

根据《互联网上网服务营业场所管理条例》第二十九条的规定,互联网上网服务营业场所经营单位违反本条例的规定,利用营业场所制作、下载、复制、查阅、发布、传播或者以其他方式使用含有本条例第十四条规定禁止含有的内容的信息,触犯刑律的,依法追究刑事责任;尚不够刑事处罚的,由公安机关给予警告,没收违法所得;违法经营额一万元以上的,并处违法经营额两倍以上5倍以下的罚款;违法经营额不足一万元的,并处一万元以上两万元以下的罚款;情节严重的,责令停业整顿,直至由文化行政部门吊销《网络文化经营许可证》。

上网消费者有违法行为,触犯刑律的,依法追究刑事责任;尚不够刑事处罚的,由公安机关依照治安管理处罚法的规定给予处罚。

(2) 互联网上网服务营业场所经营单位不得实施有害操作。

互联网上网服务营业场所经营单位和上网消费者不得进行下列危害信息网络安全的活动。

① 故意制作或者传播计算机病毒以及其他破坏性程序的;

② 非法侵入计算机信息系统或者破坏计算机信息系统功能、数据和应用程序的;

③ 进行法律、行政法规禁止的其他活动的。

互联网上网服务营业场所经营单位为了谋取非法利益,有时会向上网人员的计算机中故意植入木马病毒,盗取QQ、网络游戏、网上银行等的账号和密码。

(3) 互联网上网服务营业场所经营单位接入方式。

应当通过依法取得经营许可证的互联网接入服务提供者接入互联网,不得采取其他方式接入互联网。

互联网上网服务营业场所经营单位为了降低成本或者逃避公安机关的监管,而出现多家经营单位共同使用一个宽带出口的情况。例如,2010年5月28日,有人在工作中发现迪士尼、外外、和平网吧、翱翔4家网吧共用一个外网IP。经调查,为盛世网盟提供的VPN服务所致。多家网吧利用VPN服务共用一个外网IP的情况也是比较常见的。

互联网上网服务营业场所经营单位提供上网消费者使用的计算机必须通过局域网的方式接入互联网,不得直接接入互联网。这样便于公安机关对网吧内计算机的管理和检查。

互联网上网服务营业场所经营单位向公安机关提供的备案材料中,包括网吧内部网络IP对照表,局域网内各个机器机器号和内网的IP都应该一一对应,包括上网人员所使用计算机和工作用计算机,如表5-1和表5-2所示。

表 5-1　网吧内部网络 IP 对照表

网吧内部网络 IP 对照表					
本网吧分为4区：A区、B区、C区、D区 A区 A001～A087;B区 B088～B143;C区 C144～C199;D区 D200～D243 编号为机器上标签					
编 号	机器名	IP 分配	编 号	机器名	IP 分配
A051	TY-A051	192.168.1.51	A076	TY-A076	192.168.1.76
A052	TY-A052	192.168.1.52	A077	TY-A077	192.168.1.77
A053	TY-A053	192.168.1.53	A078	TY-A078	192.168.1.78
A054	TY-A054	192.168.1.54	A079	TY-A079	192.168.1.79
A055	TY-A055	192.168.1.55	A080	TY-A080	192.168.1.80
A056	TY-A056	192.168.1.56	A081	TY-A081	192.168.1.81
A057	TY-A057	192.168.1.57	A082	TY-A082	192.168.1.82
A058	TY-A058	192.168.1.58	A083	TY-A083	192.168.1.83
A059	TY-A059	192.168.1.59	A084	TY-A084	192.168.1.84
A060	TY-A060	192.168.1.60	A085	TY-A085	192.168.1.85
A061	TY-A061	192.168.1.61	A086	TY-A086	192.168.1.86

表 5-2　网吧工作用机器

机　器	IP	机　器	IP
办公室	192.168.0.88—89	游戏更新服务器	192.168.0.252
监控主机	192.168.0.247	电影服务器	192.168.0.249—248
文化服务器	192.168.0.245	安全审计系统主机	192.168.0.250
路由器	192.168.0.254	收银服务器	192.168.0.200
中心交换机	192.168.0.251	前台收银机 1	192.168.0.201
游戏更新服务器	192.168.0.253	前台收银机 2	192.168.0.246

同时，还包括网吧网络结构拓扑图，如图 5-22 所示。

根据《互联网上网服务营业场所管理条例》第三十一条的规定，互联网上网服务营业场所经营单位违反本条例的规定，有下列行为之一的，由文化行政部门、公安机关依据各自职权给予警告，可以并处 15 000 元以下的罚款；情节严重的，责令停业整顿，直至由文化行政部门吊销《网络文化经营许可证》。其中，第一项为：向上网消费者提供的计算机未通过局域网的方式接入互联网的。

(4) 互联网上网服务营业场所经营单位和上网消费者不得利用网络游戏或者其他方式进行赌博或者变相赌博活动。

从 1996 年第一个网吧成立至今，每小时上网的平均费用已经从原来的 30 元降低到

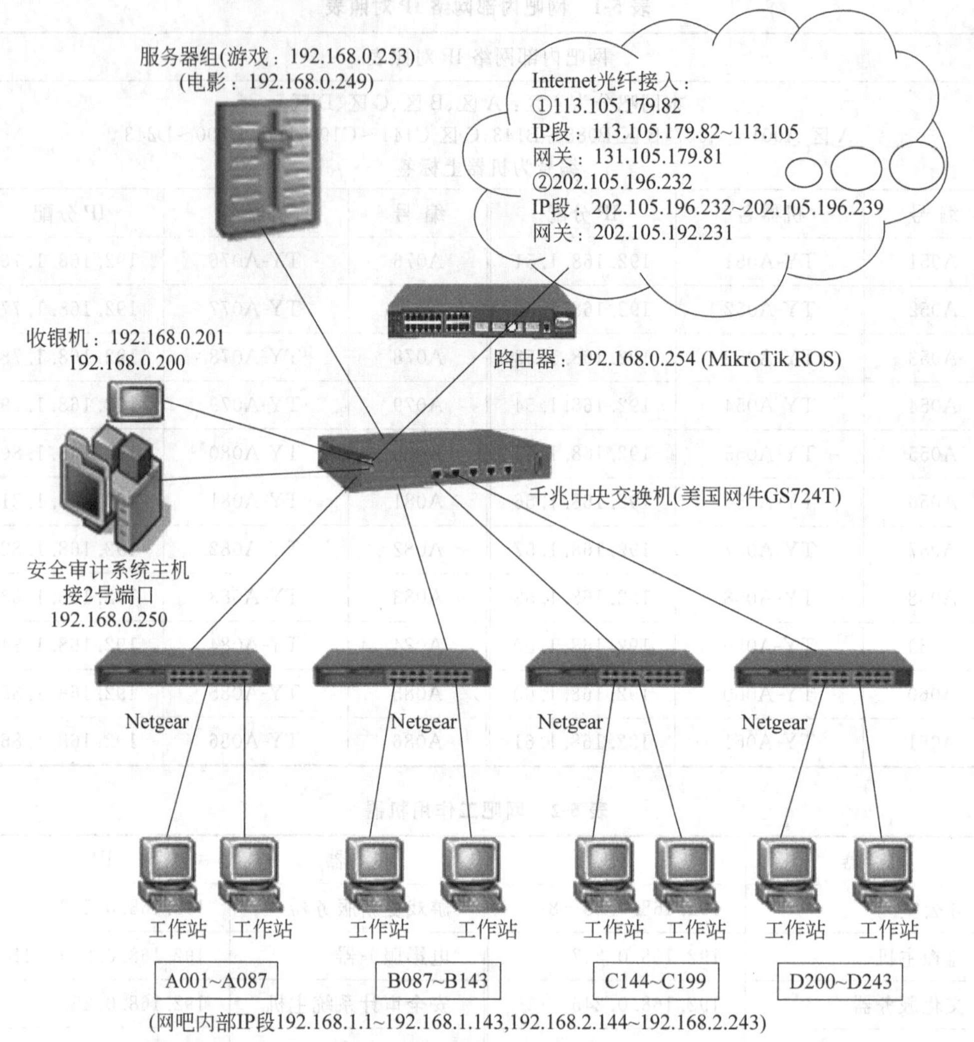

图 5-22　网吧网络结构拓扑图

现在的 1 元，盈利下降很多。因此有的网吧为了有更大的盈利而允许甚至组织上网人员在网吧内利用计算机游戏进行赌博或者变相赌博活动。例如，上网人员或者是自行约定或者是在网吧老板的组织下，利用《反恐精英》这样的游戏约定后进行 PK，可以一对一，也可以多对多，每笔赌金动辄上百元。

（5）互联网上网服务营业场所经营单位应当实施经营管理技术措施，建立场内巡查制度。

互联网上网服务营业场所经营单位应当实施经营管理技术措施，建立场内巡查制度，发现上网消费者使用有害信息、实施有害操作、进行赌博与变相赌博行为，或者有其他违法行为的，应当立即予以制止并向文化行政部门、公安机关举报。有的互联网上网服务营业场所经营单位认为以上违法行为不会影响他们的正常经营，甚至会吸引消费者而增加收益，所以往往对这样的行为视而不见。

根据《互联网上网服务营业场所管理条例》第三十一条的规定，互联网上网服务营业场所经营单位违反本条例的规定，有下列行为之一的，由文化行政部门、公安机关依据各自职权给予警告，可以并处 15 000 元以下的罚款；情节严重的，责令停业整顿，直至由文化行政部门吊销《网络文化经营许可证》。其中第二项是未建立场内巡查制度，或者发现上网消费者的违法行为未予制止并未向文化行政部门、公安机关举报的。

(6) 互联网上网服务营业场所经营单位应当实行实名制。

互联网上网服务营业场所经营单位应当对上网消费者的身份证等有效证件进行核对、登记，并记录有关上网信息。

上网实名登记就是通过在网吧安装安全管理系统，上网消费者需要用本人身份证办理上网卡，卡上记录着上网者的资料，上网前需要刷卡并确定其身份，或者直接出示本人的身份证才能上网，上网人员身份等信息会通过系统实时传到公安机关后台。

有效证件包括身份证、户口簿、暂住证、士兵证、军官证、驾驶证、社保卡以及港、澳、台胞的返乡证和华侨及外国人的护照等。现在大部分网吧已使用了第二代身份证机读设备，上网人员可以直接使用第二代身份证代替实名上网卡。但是，现在的网吧只有二代身份证刷卡系统。所以，绝大多数的上网人员都需持二代身份证刷卡上网。上网消费者还可以持实名上网卡上网，且卡内登记的个人信息必须与上网人员的个人身份信息一致。

对上网消费者在网吧上网时登记姓名和身份证号，有很重要的意义。一是有利于网安部门对网吧上网人员进行管理。二是杜绝未成年人进入网吧，防止未成年人上网成瘾。

网吧应切实落实上网实名登记。上网人员上网时，有实名上网卡的，网吧管理人员要求对方出示身份证并核对实名上网卡是其本人方可让其上网，如图 5-23 所示；如果使用第二代身份证的，核对身份后可让其刷第二代身份证上网，如图 5-24 所示；如果上网人员需要办理实名上网卡的，应要求其出示身份证核对、登记并办理实名卡上网，如图 5-25 所示。

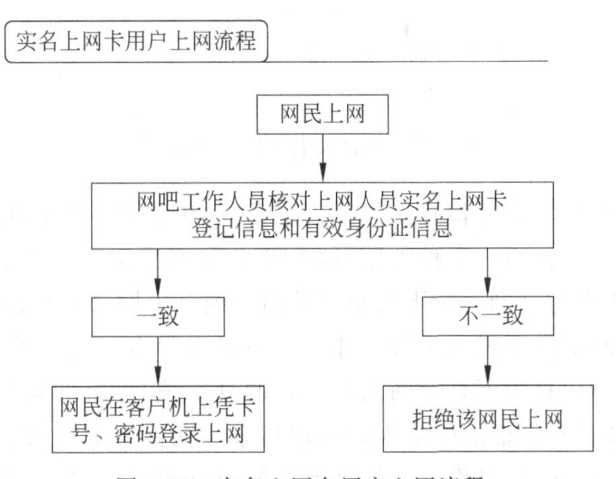

图 5-23　实名上网卡用户上网流程

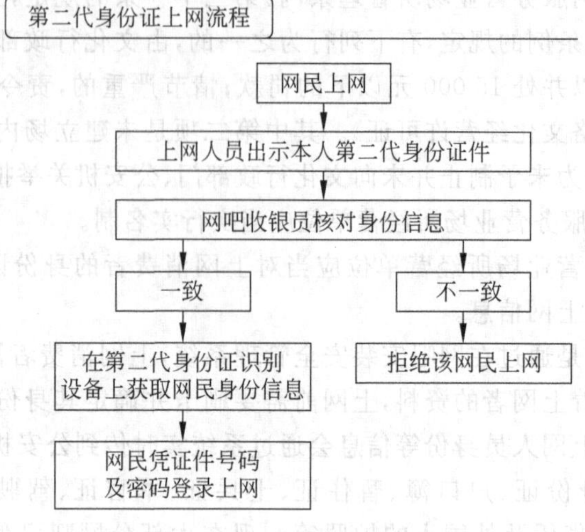

图 5-24　第二代身份证上网流程

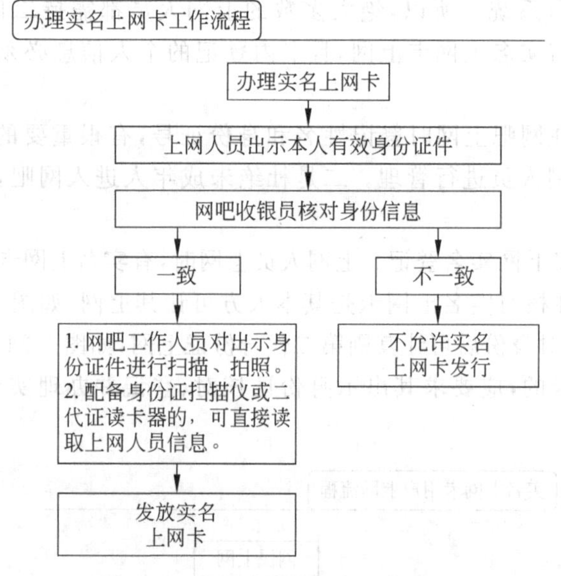

图 5-25　办理实名上网卡工作流程

公安机关对实名制的监督检查工作一直很重视，但是，在实际的工作中，实名制也是最容易出现问题的。一方面出于种种原因，上网人员不愿意出示身份证等有效证件。另一方面，网吧不希望因为上网人员不出示证件而拒绝其上网，减少收入。所以有的网吧会提前准备好公用上网卡供不愿出示身份证的用户或者没有身份证的未成年人上网使用。公用上网卡内的身份信息均不是上网人员本人的身份信息，有的是网吧内工作人员的身份信息，有的是买来的身份证的陌生人的身份信息。在网络上一般 200 元左右就可以买到一个真实的身份证。这些身份证有的是遗失的，有的是从一些不重视个人身份信息的人的手里买来的，比如说偏远地区的人，有的是盗窃来的，等等。网吧还有一种不实施实名制的手段，就是直接提供他人的身份证为不愿出示身份证的上网人员来使用，供其上网。

根据《互联网上网服务营业场所管理条例》第三十一条的规定，互联网上网服务营业场所经营单位违反本条例的规定，有下列行为之一的，由文化行政部门、公安机关依据各自职权给予警告，可以并处 15 000 元以下的罚款；情节严重的，责令停业整顿，直至由文化行政部门吊销《网络文化经营许可证》。其中，第三项是未按规定核对、登记上网消费者的有效身份证件或者记录有关上网信息的。

各个地方根据其具体的细则来决定行政处罚的实施。例如，广东省公安厅《关于强化网吧整治落实实名登记措施的通知》（粤公传发[2010]1762 号）文件规定，为强化我市网吧实名登记工作，经局领导同意，作出以下处罚依据：第一次发现未落实实名登记措施的，予以警告，并处 5000～15 000 元罚款；第二次，予以警告，并处 15 000 元罚款或责令停业整顿 15 天以内；第三次，责令停业整顿 15 日以上至 6 个月；第四次，建议文化行政部门吊销《网络文化经营许可证》。

(7) 互联网上网服务营业场所经营单位实行实名制的记录备份保存时间不得少于 60 日。

互联网上网服务营业场所经营单位记录上网消费者有关上网信息。登记内容和记录备份保存时间不得少于 60 日，并在文化行政部门、公安机关依法查询时予以提供。登记内容和记录备份在保存期内不得修改或者删除。

《互联网上网服务营业场所管理条例》赋予了公安机关查询网吧实名制记录备份的权力，并且要求网吧在保存记录备份时不得修改或者删除。但是，公安机关需要取证网吧有关信息的一定要在上网行为发生之日起的 60 日内进行，因为法规中规定网吧记录备份保存时间不少于 60 日。所以一般网吧记录保存时间不会超过 60 日，超过此期限证据信息也会一并删除。

根据《互联网上网服务营业场所管理条例》第三十一条的规定，互联网上网服务营业场所经营单位违反本条例的规定，有下列行为之一的，由文化行政部门、公安机关依据各自职权给予警告，可以并处 15 000 元以下的罚款；情节严重的，责令停业整顿，直至由文化行政部门吊销《网络文化经营许可证》。其中第四项是未按规定时间保存登记内容、记录备份，或者在保存期内修改、删除登记内容、记录备份的。

(8) 互联网上网服务营业场所经营单位有健全、完善的信息网络安全技术措施。

互联网上网服务营业场所经营单位应当依法履行信息网络安全，不得擅自停止实施安全技术措施。

网吧出于逃避公安机关监管的考虑而擅自停止实施安全技术措施，这对公安机关打击犯罪和调查取证会产生很严重的影响。因此，对于这种行为公安机关应该严格监管。

根据《互联网上网服务营业场所管理条例》第三十二条的规定，互联网上网服务营业场所经营单位违反本条例的规定，有下列行为之一的，由公安机关给予警告，可以并处 15 000 元以下的罚款；情节严重的，责令停业整顿，直至由文化行政部门吊销《网络文化经营许可证》。其第五项是擅自停止实施安全技术措施的。

5.5 互联网上网服务营业场所上网消费者行为规范

1. 互联网上网服务营业场所上网人员不得使用有害信息

互联网上网服务营业场所上网消费者不得利用互联网上网服务营业场所制作、下载、复制、查阅、发布、传播或者以其他方式使用含有下列内容的信息。

(1) 反对宪法确定的基本原则的;

(2) 危害国家统一、主权和领土完整的;

(3) 泄漏国家秘密,危害国家安全或者损害国家荣誉和利益的;

(4) 煽动民族仇恨、民族歧视,破坏民族团结,或者侵害民族风俗、习惯的;

(5) 破坏国家宗教政策,宣扬邪教、迷信的;

(6) 散布谣言,扰乱社会秩序,破坏社会稳定的;

(7) 宣传淫秽、赌博、暴力或者教唆犯罪的;

(8) 侮辱或者诽谤他人,侵害他人合法权益的;

(9) 危害社会公德或者民族优秀文化传统的;

(10) 含有法律、行政法规禁止的其他内容的。

低收入的互联网上网服务营业场所上网消费者多倾向于选择在网吧进行娱乐,而在网吧又比较容易接触到网络淫秽色情、赌博等有害信息。还有一部分上网消费者为了逃避公安机关的监管,多倾向于选择网吧来发布、传播有害信息,例如,法轮功信息、侮辱诽谤信息等。

根据《计算机信息网络国际联网安全保护管理办法》第二十条的规定,违反法律、行政法规,有本办法第五条所列行为之一的,由公安机关给予警告,有违法所得的,没收违法所得,对个人可以并处5000元以下的罚款;构成违反治安管理行为的,依照治安管理处罚条例的规定处罚;构成犯罪的,依法追究刑事责任。

第五条的规定是:任何单位和个人不得利用国际联网制作、复制、查阅和传播下列信息。

(1) 煽动抗拒、破坏宪法和法律以及行政法规实施的;

(2) 煽动颠覆国家政权,推翻社会主义制度的;

(3) 煽动分裂国家、破坏国家统一的;

(4) 煽动民族仇恨、民族歧视,破坏民族团结的;

(5) 捏造或者歪曲事实,散布谣言,扰乱社会秩序的;

(6) 宣扬封建迷信、淫秽、色情、赌博、暴力、凶杀、恐怖,教唆犯罪的;

(7) 公然侮辱他人或者捏造事实诽谤他人的;

(8) 损害国家机关信誉的;

(9) 其他违反宪法和法律、行政法规的。

2. 互联网上网服务营业场所上网消费者不得实施有害操作

互联网上网服务营业场所上网消费者不得进行下列危害信息网络安全的活动。

(1) 故意制作或者传播计算机病毒以及其他破坏性程序的；

(2) 非法侵入计算机信息系统或者破坏计算机信息系统功能、数据和应用程序的；

(3) 进行法律、行政法规禁止的其他活动的。

互联网上网服务营业场所上网消费者为了谋取非法利益，有时会向上网人员的计算机中故意植入木马病毒，盗取 QQ、网络游戏、网上银行等的账号和密码。

根据《计算机信息网络国际联网安全保护管理办法》第二十条的规定，违反法律、行政法规，有本办法第六条所列行为之一的，由公安机关给予警告，有违法所得的，没收违法所得，对个人可以并处 5000 元以下的罚款；构成违反治安管理行为的，依照治安管理处罚条例的规定处罚；构成犯罪的，依法追究刑事责任。

第六条的规定是：任何单位和个人不得从事下列危害计算机信息网络安全的活动。

(1) 未经允许，进入计算机信息网络或者使用计算机信息网络资源的；

(2) 未经允许，对计算机信息网络功能进行删除、修改或者增加的；

(3) 未经允许，对计算机信息网络中存储、处理或者传输的数据和应用程序进行删除、修改或者增加的；

(4) 故意制作、传播计算机病毒等破坏性程序的；

(5) 其他危害计算机信息网络安全的。

5.6　互联网上网服务营业场所检查流程

在查处互联网上网服务营业场所经营单位违法行为的检查过程中，应该按照规范进行，只有执法过程合法了，执法结果才能够合法。

5.6.1　准备工作

(1) 查阅网吧的有关资料，了解检查对象的基本情况和所属派出所的报警电话。

首先了解网吧的有关资料，确定是合法的经营场所还是黑网吧。了解网吧的基本情况以及历史检查记录，有重点地开展检查工作，因为网吧检查工作量大，每一个网吧每一项检查工作都开展不切实际，因此，应该有的放矢。了解所属派出所的报警电话，因为网警在检查网吧时，有些非法行为不属于网警管辖范围，应该移交给相关部门。

(2) 明确职责，确定民警分工。

每次检查网吧时，至少要有两名民警。网吧检查事项比较多，并提前做好分工，控制好网吧管理人员与上网人员，这样检查工作才能有条不紊地进行。

(3) 准备好装备及取证设备。

①《互联网上网服务营业场所网络安全检查登记表》。

《互联网上网服务营业场所网络安全检查登记表》(如表 5-3 所示)中列出了民警每次检查网吧时所要检查的事项。可以按照《互联网上网服务营业场所网络安全检查登记表》中的内容进行逐一检查，也可以有重点地进行检查。

表 5-3　互联网上网服务营业场所现场安全检查表

检查单位：××市公安局　　　　　　　　时间：　　年　月　日

网吧名称		负责人		联系电话	
网吧地址				联系电话	
联网方式	□ADSL □ISDN □DDN □光纤 □微波 □HFC			有(　　)个互联网接入 IP	
互联网接入 IP 地址					
场地实际营业面积				(　　)平方米	
提供上网服务的计算机数量				(　　)台	
有无专用配电箱					
有无三相四线电源接入					
有无漏电开关					
有无应急照明措施					
上网计算机是否采用单机单插方式供电					
有无悬挂“禁止吸烟”标志					
有无制定和公示安全管理制度					
有无制定和公示上网登记制度					
有无公示有关法律、法规及建立场内巡查制度					
有无安装防黄、防病毒软件					
有无公示报警电话					
有无擅自停止实施安全技术措施					
有无擅自变更地址或改建、扩建，变更计算机数量					
有无按规定核对、登记上网人员的有效身份证件					
有无按规定保存、备份上网消费者上网信息 60 日以上					
消防安全通道是否健全、畅通					
内部网络设置情况	×××安全管理软件是否正常运行				
	上网计算机编号是否与后台显示情况一致				
	网络结构是否符合安全要求或擅自更改				
	内部网络设置情况是否与上报材料一致				
安全员姓名		证书编号		培训日期	
安全员姓名		证书编号		培训日期	

检查结果：

检查民警签名：

联系电话：

网吧当事人签名：

② 询问、讯问笔录。

民警在检查网吧时，发现网吧经营单位或者上网人员有违法行为的，要及时收集证据，对现场证人和当事人当场制作询问笔录或者讯问笔录。一般情况下，讯问笔录只适用于刑事、治安案件嫌疑人的问讯过程，主要记录嫌疑人供述、交代的犯罪事实；询问笔录主要记录证人、被害人等提供的事实内容。网吧执法中，多为行政治安案件，通常可使用询问笔录，如图 5-26 所示。但是，对于某些案件中涉及具体违法人员，或情节较为严重的治安案件，比如网吧老板停止安全措施的，对其问讯时，也可以使用讯问笔录。

第 壹 次询问

第 壹 页 共壹页

询 问 笔 录

询问时间______年___月___日___时___分至______年___月___日___时___分

询问地点____

询问人(签名)____________________工作单位____________________

记录人(签名)____________________工作单位____________________

被询问人________________性别______出生日期________________

户籍所在地____

现住址____

被询问人身份证件种类及号码______________________________

联系方式____

(口头传唤的被询问人_____月_____日_____时_____分到达，_____月_____日____时____分离开，本人签名确认：____________________)。

问：我们是____________________的工作人员，现依法向你询问____________

答：

问：

答：

问：

答：

问：

答：

问：

答：

以上材料我看过，和我说的一样。

(捺印)

年　月　日

询问人：民警甲 民警乙

图 5-26　询问笔录

③ 检查证和检查笔录。

民警在检查网吧时，应该依法持检查证对涉嫌违法经营的网吧进行检查，如因情况紧急，又确有必要进行检查的，办案人员可以凭执法证件对网吧进行检查。当场制作检查笔录，如图 5-27 所示。

××市公安局

检查笔录

时间______年____月___日___时___分至______年___月___日___时___分

检查对象____

证或者工作证件号码

检查人员姓名、工作单位、职务(职称)____________________________

及结果____

/检查人(签名)：____

人(签名)：____

被检查人或者见证人(签名)：____________________________(捺印)

图 5-27　检查笔录

④ 扣押物品、文件清单。

民警在检查网吧时，计算机、上网设备等物品或者文件因证据固定的需要符合暂扣规定的，开出扣押清单(一式二份)，一份存根，一份交当事人。

⑤ 车辆、摄(照)像机、记录纸、签字笔、印台、复写纸及必要的警械武器。

网吧分布较广，加之需要带取证设备等，所以检查网吧需要开车前往。在取证过程中，往往需要摄(照)像机来固定证据，很直观。记录纸是用来做记录的。签字笔是用来做相关笔录或供证人、当事人签字使用。印台是为了供证人或当事人按手印使用。民警在检查网吧时，很少带警械武器。但是在查处黑网吧时，应该带上必要的警械武器，因为黑网吧的经营者比较容易出现暴力抗法的情况。

5.6.2　检查的主要事项

1. 互联网上网服务营业场所经营单位违法行为

(1) 是否经过公安机关网络安全审核，安装互联网上网服务营业场所安全管理系统(爱克吧)，以及系统的运行情况(是否空置、旁路接入、擅自停用等)。

根据《互联网上网服务营业场所管理条例》第 32 条规定，给予警告，可以并处 15 000 元以下的罚款；情节严重的，责令停业整顿，直至通报文化行政部门吊销《网络文化经营许可证》。

(2) 法人代表或者负责人、专业技术人员、安全管理人员是否已参加公安机关网监部门组织的计算机安全员培训并通过考试，取得证书，持证上岗。

(3) 是否以有固定 IP 地址的局域网方式通过有经营许可证的接入单位提供的线路

接入国际互联网。

根据《互联网上网服务营业场所管理条例》第31条规定，给予警告，可以并处15 000元以下的罚款；情节严重的，责令停业整顿，直至通报文化行政部门吊销《网络文化经营许可证》。

(4) 上网消费者是否办理上网卡，是否凭有效身份证件上网，网吧管理人员是否进行过核对、登记。

根据《互联网上网服务营业场所管理条例》第31条规定，给予警告，可以并处15 000元以下的罚款；情节严重的，责令停业整顿，直至通报文化行政部门吊销《网络文化经营许可证》。

(5) 是否按规定时间保存登记内容、记录备份，即60日，或者在保存期内修改、删除登记内容、记录备份。

根据《互联网上网服务营业场所管理条例》第31条规定，给予警告，可以并处15 000元以下的罚款；情节严重的，责令停业整顿，直至通报文化行政部门吊销《网络文化经营许可证》。

(6) 是否制作、下载、复制、查阅、发布、传播或者以其他方式使用有害信息，尚不够刑事处罚。

根据《互联网上网服务营业场所管理条例》第29条规定，给予警告，没收违法所得；违法经营额1万元以上的，并处违法经营额2倍以上5倍以下的罚款；违法经营额不足1万元的，并处1万元以上2万元以下的罚款；情节严重的，责令停业整顿，直至通报文化行政部门吊销《网络文化经营许可证》。

(7) 互联网上网服务营业场所是否有故意制作或者传播计算机病毒以及其他破坏程序，非法入侵计算机信息系统或者破坏计算机信息系统功能、数据和应用程序，危害网络安全的情况。

根据《计算机信息网络国际联网安全保护管理办法》第20条规定，给予警告，有违法所得的，没收违法所得，对单位可以并处15 000元以下的罚款；情节严重的，并可以给予6个月以内停止联网、停机整顿的处罚，必要时可以建议文化部门吊销《网络文化经营许可证》。

(8)互联网上网服务营业场所经营单位是否建立场内巡查制度，或者发现上网消费者制作、下载、复制、查阅、发布、传播或者以其他方式使用有害信息，制作或者传播计算机病毒以及其他破坏程序，非法入侵计算机信息系统或者破坏计算机信息系统功能、数据和应用程序等违法行为未予制止并未向公安机关举报。

根据《互联网上网服务营业场所管理条例》第31条规定，给予警告，可以并处15 000元以下的罚款；情节严重的，责令停业整顿，直至通报文化行政部门吊销《网络文化经营许可证》。

(9) 变更名称、住所、法定代表人或者主要负责人、注册资本、网络地址或者终止经营活动，是否向公安机关办理有关手续或者备案的。

根据《互联网上网服务营业场所管理条例》第31条规定，给予警告，可以并处15 000元以下的罚款；情节严重的，责令停业整顿，直至通报文化行政部门吊销《网络文化经营许可证》。

2. 互联网上网服务营业场所上网消费者违法行为

(1) 上网消费者是否利用营业场所制作、下载、复制、查阅、发布、传播或者以其他方式使用有害信息，尚不够刑事处罚。

根据《计算机信息网络国际联网安全保护管理办法》第20条规定，给予警告，有违法所得的，没收违法所得，对个人可以并处5000元以下的罚款。

(2) 上网消费者是否故意制作或者传播计算机病毒以及其他破坏性程序。

根据《计算机信息网络国际联网安全保护管理办法》第20条规定，给予警告，有违法所得的，没收违法所得，对个人可以并处5000元以下的罚款。

(3) 上网消费者是否非法侵入计算机信息系统或者破坏计算机信息系统功能、数据和应用程序。

根据《计算机信息网络国际联网安全保护管理办法》第20条规定，给予警告，有违法所得的，没收违法所得，对个人可以并处5000元以下的罚款。

5.6.3 执法流程

(1) 依法持检查证对涉嫌违法经营的网吧进行检查。首先找其负责人配合检查；其次，现场宣布是公安机关依法检查上网服务场所，请大家配合，各自原地不要动并出示有效证件。

(2) 按照《互联网上网服务营业场所网络安全检查登记表》中所列事项进行检查。检查网吧的机房。核对上网人员的上网卡与有效身份证件。发现有违法行为的，要及时收集证据，制作检查笔录。

(3) 对现场证人和当事人制作询问笔录或者讯问笔录。

以上网人员浏览有害信息为例：

① 对上网人员的计算机中未发现存在有害信息历史记录的，进行询问可放行。

② 对上网人员计算机存在有害信息历史记录的，做好笔录查清原因。

③ 对有违法违规行为的上网服务场所经营者应有两次以上的询问笔录，第一次应在现场做初步询问。

④ 对现场抓获在上网服务场所浏览有害信息的上网人员，要做好询问笔录。

(4) 固定相关证据。

① 使用打印机，打印出部分IE历史记录或有害信息内容，须由经营者在打印记录上签名并按指印。

② 对上网服务场所计算机历史记录内曾涉及浏览过有害信息网站的，必须对有关人员做好询问笔录以作为旁证材料。

③ 注意取证过程。

首先，查询计算机中IE历史浏览记录时，发现嫌疑网址，勿第一时间打开，要先做好嫌疑网址属性的保存，如屏拷。

接着打开该网址，确认其性质，如确属法律明文规定为违法网站，则立即让拍照人员拍照固定，并让上网服务场所当事人以笔录形式进行辨认，要求其出示第一次访问该网站的人员的详细资料。

其次，要注意上网服务场所现场，主要是服务前台有无其他物证，如账目明细单、用户上网登记本、营业额登记本等，一有发现即刻固定，并让上网服务场所当事人签名，按指纹确认。

(5) 如涉嫌违法经营网吧的法定代表人在场，应对其进行讯问；如当时不在现场，应在检查后传唤其到合适地点进行讯问。

(6) 对涉嫌违法经营网吧的法定代表人进行告知。

(7) 法律规定应举行听证的，依照听证程序进行。

听证程序是指行政机关在作出行政处罚决定之前听取当事人陈述和申辩，由听证程序参加人就有关问题相互进行质问、辩论和反驳，从而查明案件事实的过程。

行政处罚法规定，听证依照以下程序组织。

① 当事人要求听证的，应当在行政机关告知后 3 日内提出。

② 行政机关应当在听证的 7 日前，通知当事人举行听证的时间、地点。

③ 除涉及国家秘密、商业秘密或者个人隐私外，听证公开举行。

④ 听证由行政机关指定的非本案调查人员主持。

⑤ 当事人可以亲自参加听证，也可以委托 1 或 2 人代理。

⑥ 举行听证时，调查人员提出当事人违法的事实、证据和行政处罚建议；当事人进行申辩和质证。

⑦ 听证应当制作笔录，笔录应当交当事人审核无误后签字或者盖章。

(8) 制作和送达行政处罚决定书，需罚款的同时制作缴款通知书，样例如图 5-28 所示。

××市公安局

公安行政处罚决定书

×公(2011)决字[2011]第 24 号

被处罚人(单位)____

____

____

____

现查明____

____

____

____

____

以上事实有____

____

______________________________________等证据证实。

根据____现决定____

____

____

____

____。

履行方式：____

______________________________________。

被处罚人如不服本决定，可以在收到本决定书之日起六十日内向

___________________申请行政复议或者在三个月内依法向人民法院提起行政诉讼。

附：　　　　　　　清单共　　份。

(公安机关印章)

年　　月　　日

被处罚人(签名)：

年　　月　　日

图 5-28　公安行政处罚决定书样例

(9) 制作案件卷宗,归档保管,如表 5-4 所示。

表 5-4 立卷归档材料清单

立卷归档材料清单						
顺序	责任者	文号	标　　题	日期	页号	备注
1			受理案件登记表			
2			查处经过			
3			检查审批表			
4			检查证			
5			检查笔录			
6			扣押物品、文件审批表			
7			扣押物品、文件清单			
8			传唤审批表			
9			传唤证			
10			公安行政处罚告知笔录			
11			公安行政处罚审批表			
12			公安行政处罚决定书			
13			送达回执(留置送达时使用)			
14			银行缴款收据(复印件)和罚款收据			
15			扣押物品、文件发还审批表			
16			扣押物品、文件发还凭证			
17			违法嫌疑人的讯问笔录			
18			工作人员的询问笔录			
19			上网消费者的询问笔录			
20			综合材料			
21			现场材料			

5.6.4 两种网吧主要违法行为的询问笔录要点

1. 案由:未按规定核对、登记上网消费者有效身份证件

(1) 询问上网消费者应当问及的问题:

① 上网消费者的身份信息?

确定上网者的身份,确定其是否是未成年人。

② 上网的时间、地点?

确定违法网吧的名称,及违法行为发生的时间。

③ 上网消费者所使用的上网卡号及具体信息？

确定是否使用公用卡上网。

④ 上网消费者所使用的计算机在场所内的编号？

确定其使用的是哪台机器，可以根据此确定其上网内容，看是否有违法行为。

⑤ 网吧管理人员是否要求其出示上网卡和有效身份证件？

确定网吧的责任。看是上网者出示假证件上网还是网吧根本就没有要求其出示证件。

(2) 询问网吧管理人员应当问及的问题：

① 在网吧的职务及具体负责的工作？

确定是网吧内的管理人员。确定其身份。

② 检查过程是否在场、过程是否清楚？

有当事人的确认。

③ 是否承认未对证人(写清上网者姓名)进行登记、是否承认检查结果？

要当事人的确认。

④ 是否知道《互联网上网服务营业场所管理条例》中关于对上网消费者的有效身份证件核对、登记的规定？如何执行这项规定？

应该知道。因为都是持证上岗。

2. 案由：擅自停止实施安全技术措施

(1) 发现网吧擅自停止实施安全技术措施时，应拍照固定证据，对网吧管理员制作询问笔录。询问时应问及的问题：

① 在网吧里的职务和具体负责工作；

② 申请网络安全审核时是否用某安全技术措施作为该网吧的网络安全技术措施；

③ 是否承认停止实施某网络安全技术措施的检查结果；

④ 是否知道《互联网上网服务营业场所管理条例》关于不得擅自停止实施安全技术措施的规定，解释停止实施某网络安全技术措施的原因。

(2) 对于多路接入网络或空置某安全技术措施，造成某安全技术措施失去作用的，视为擅自停止实施安全技术措施，在上述询问要点的基础上，应补充询问以下问题：

① 网吧的网络接入情况；

② 安全技术措施的具体连接情况。

5.7 互联网上网服务营业场所案卷制作实例

1. 案例简介

沈月市黄河区塔直街某网吧(法定代表人李××)，2012 年 9 月 8 日起，擅自停止实施安全技术措施。

2. 公安行政案件卷宗封面的制作

具体如图 5-29 所示。

××市公安局

公安行政案件卷宗

案由：擅自停止实施安全技术措施

违法行为人（单位）：某网吧

办案部门：××市公安局网络警察支队

办案人：民警甲　民警乙

处理结果：警告并处罚款一万元

受案时间：2012 年 9 月 10 日结案时间：2012 年 9 月 28 日

本案共 1 卷第一卷　xx 页　　保管期限

全宗号	责任区号	类别号	目录号	卷宗号

图 5-29　公安行政案卷卷宗封面

3. 公安行政案件卷宗目录的制作

具体如图 5-30 所示。

4. 受案登记表的制作

（1）本文书的制作依据。

《公安机关办理行政案件程序规定》

第三十八条：公安机关对报案、控告、举报、群众扭送或者违法嫌疑人投案，以及其他行政主管部门、司法机关移送的案件，应当及时受理，进行登记，并分别作出以下处理。

① 对属于本单位管辖范围内的事项，应当及时调查处理；

② 对属于公安机关职责范围，但不属于本单位管辖的，应当在受理后的 24 小时内移送有管辖权的单位处理，并告知报案人；

③ 对不属于公安机关职责范围内的事项，告知当事人向其他有关主管机关报案或者投案。

卷宗目录

序号	材料名称	页号
1	受案登记表	
2	传唤证	
3	询问笔录	
4	检查笔录	
5	公安行政处罚告知笔录	
6	不予受理听证通知书	
7	举行听证通知书	
8	听证笔录	
9	公安行政处罚审批表	
10	公安行政处罚决定书	
11	抓屏记录	
12	其他证据材料	
13	罚款收据	
14		
15		
16		
17		

图5-30 公安行政案卷卷宗目录

公安机关及其人民警察在日常执法执勤中发现的违法行为，按照前款所列情形分别处理。

第四十条：报案人不愿意公开自己的姓名和报案行为的，公安机关应当在受案登记时注明，并为其保密。

(2) 填写说明。

《受案登记表》属于填表型文书，一式两份。本文书由首部和正文组成，由公安机关受案单位部门填写制作。

① 首部。“编号”栏由办案民警按照案件的先后顺序填写序号。“案由”是指行政案件的类别。“案件来源”，在网吧行政处罚中一般是指“工作中发现”，也包括“报案”、“移交”等。“报案时间”栏填写报案的年、月、日、时、分。“报案方式”栏填写“口头报案”、“书面报案”、“电话报案”等。“报案人”包括“控告人”等，报案人一人以上的，可另附页，其基本情况包括姓名、性别、出生年月、住址、工作单位和联系电话等。“接报人”填写接报人的姓名。

② 正文。“简要案情”栏填写网吧名称、地址和法定代表人等基本情况。“受案意见”是行政案件的承办人根据案情，在初步确定案件性质、管辖权限和可否追究行政责任等情况下，提出的处理意见，分别是“建议受理”、“不予处理”、“移送××机关或者××部门处

理”等。“受案审批”是办案部门负责人对案件承办人所提意见进行审核。办案部门负责人签署“同意受理”、“不予受理”、“移送××机关或者××部门处理”等审核意见。

③《受案登记表》由接报单位在“接报单位印章”处盖章。

具体如图 5-31 所示。

××市公安局

受案登记表

（接报单位印章）　　×公（网）行受字（2012）第 033 号

案　由	××网吧擅自停止实施安全技术措施					
案件来源	工作中发现					
报案时间						
报案方式						
报案人	姓　名		性别		出生日期	
	现住址					
	工作单位			联系电话		
接报人						
简要案情： 经查，××市××区××街××网吧（法定代表人×××），2012年9月8日起，擅自停止实施安全技术措施。						
受案意见	经初查，××网吧涉嫌擅自停止实施安全技术措施，建议受理。 承办人：民警甲　　2012 年 9 月 10 日					
受案审批	同意受理。 办案部门负责人:×××　2012 年 9 月 10 日					

一式两份，一份附卷，一份存根。

图 5-31　受案登记表

5. 传唤证的制作

（1）本文书的制作依据。

《公安机关办理行政案件程序规定》

第四十三条：公安机关询问违法嫌疑人，可以到违法嫌疑人住处或者单位进行，也可以将违法嫌疑人传唤到其所在市、县内的指定地点进行。

第四十四条：需要传唤违法嫌疑人接受调查的，经公安派出所或者县级以上公安机关办案部门负责人批准，使用传唤证传唤。对现场发现的违法嫌疑人，人民警察经出示工作证件，可以口头传唤，并在询问笔录中注明违法嫌疑人到案经过、到案时间和离开时间。

公安机关应当将传唤的原因和依据告知被传唤人。对无正当理由不接受传唤或者逃避传唤的违反治安管理行为人以及法律规定可以强制传唤的其他违法行为人，可以强制传唤。强制传唤时，可以依法使用手铐、警绳等约束性警械。

第四十五条：公安机关应当及时将传唤原因和处所通过电话、手机短信、传真等方式通知被传唤人家属。

公安机关传唤违法嫌疑人时，其家属在场的，应当当场将传唤原因和处所口头告知其家属，并在询问笔录中注明。

被传唤人拒不提供家属联系方式或者有其他无法通知的情形的，可以不予通知，但应当在询问笔录中注明。

第四十六条：使用传唤证传唤的，违法嫌疑人被传唤到案后和询问查证结束后，应当由其在传唤证上填写到案时间和询问查证结束时间并签名。拒绝填写或者签名的，办案人民警察应当在传唤证上注明。

第四十七条：对被传唤的违法嫌疑人，公安机关应当及时询问查证，询问查证的时间不得超过 8 小时；案情复杂，违法行为依法可能适用行政拘留处罚的，询问查证的时间不得超过 24 小时。

不得以连续传唤的形式变相拘禁违法嫌疑人。

(2) 填写说明。

《传唤证》属于填充型文书，由正本和存根组成。

① 正本。正本包括首部、正文和尾部，一式两份，一份交被传唤人，一份附卷。

首部。包括制作文书的机关、文书名称、发文字号。

正文。抬头横线处填写被传唤人的姓名，以下依次填写传唤理由、传唤的法律依据、制定的时间和地点。其中传唤理由一律使用法律术语；制定地点要写具体；传唤时间精确到分。

尾部。由制作文书机关填写成文时间，加盖传唤单位印章。附卷文书由被传唤人填写到达时间和结束时间，精确到分，并签名。

② 存根。要依次按照规定填写清楚发文字号，写明被传唤人的姓名、性别、出生日期、身份证件种类及号码、现住址、工作单位、传唤理由、指定到达时间、指定到达地点、承办人姓名、批准人姓名、填发人姓名及填发日期等。

(3) 注意事项。

① 对现场发现的违规网吧，人民警察经出示工作证件，可以口头传唤，并在询问笔录中注明违法嫌疑人到案经过、到案时间和离开时间。不需要使用传唤证。

②《传唤证》的签发必须由公安机关办案部门以上的负责人批准。可直接在传唤证上签署。

具体如图 5-32 和图 5-33 所示。

6. 询问笔录的制作

(1) 本文书的制作依据。

《公安机关办理行政案件程序规定》

第四十四条：需要传唤违法嫌疑人接受调查的，经公安派出所或者县级以上公安机关办案部门负责人批准，使用传唤证传唤。对现场发现的违法嫌疑人，人民警察经出示工作证件，可以口头传唤，并在询问笔录中注明违法嫌疑人到案经过、到案时间和离开时间。

××市公安局

传唤证

××公（网）传字[2012]第033号

被传唤人 ××× 性别 男 出生日期 1966—08—21

身份证件种类及号码 居民身份证 xxxxxxxxxxxxxxxxxx

现 住 址 ××市xx区xx街xx号楼xx号

工作单位 某网吧

传唤理由 经营某网吧擅自停止实施安全技术措施

指定到达时间 2012年9月10日14时整

指定到达地点 ××市公安局网络警察支队

承 办 人 民警甲 民警乙

批 准 人 xxx

填 发 人 xxx

填发日期 2012年9月10日

存根

图5-32 传唤证(存根)

（办案部门以上负责人批准意见）

× × 市 公 安 局

传 唤 证

×公（网）传字[2012]第033号

× × ×：

因你涉嫌经营××网吧擅自停止实施安全技术措施，根据《公安机关办理行政案件程序规定》第44条第一款之规定

限你于2012年9月10日14时0分前到××市公安局网络警察支队接受询问。

（公安机关印章）

二〇一二年九月十日

被传唤人到达时间：2012年9月10日14时0分

询问查证结束时间：2012年9月10日16时30分

被传唤人（签名）：×××（捺印）

一式两份，一份交被传唤人，一份附卷。

图5-33 传唤证

第四十五条：公安机关应当及时将传唤原因和处所通过电话、手机短信、传真等方式通知被传唤人家属。公安机关传唤违法嫌疑人时，其家属在场的，应当当场将传唤原因和处所口头告知其家属，并在询问笔录中注明。被传唤人拒不提供家属联系方式或者有其他无法通知的情形的，可以不予通知，但应当在询问笔录中注明。

第四十七条：对被传唤的违法嫌疑人，公安机关应当及时询问查证，询问查证的时间不得超过 8 小时；案情复杂，违法行为依法可能适用行政拘留处罚的，询问查证的时间不得超过 24 小时。不得以连续传唤的形式变相拘禁违法嫌疑人。

第五十条：首次询问违法嫌疑人时，应当问明违法嫌疑人的姓名、出生日期、户籍所在地、现住址、身份证件种类及号码，是否曾受过刑事处罚或者行政拘留、劳动教养、收容教育、强制戒毒、收容教养等情况。必要时，还应当问明其家庭主要成员、工作单位、文化程度等情况。

第五十一条：询问时，应当告知被询问人对询问有如实回答的义务以及对与本案无关的问题有拒绝回答的权利。

第五十二条：询问不满 16 周岁的未成年人时，应当通知其父母或者其他监护人到场，其父母或者其他监护人不能到场的，可以通知其教师到场。确实无法通知或者通知后未到场的，应当在询问笔录中注明。

第五十三条：询问聋哑人，应当有通晓手语的人参加，并在询问笔录中注明被询问人的聋哑情况以及翻译人的姓名、住址、工作单位和联系方式。

对不通晓当地通用的语言文字的被询问人，应当为其配备翻译人员，并在询问笔录中注明翻译人的姓名、住址、工作单位和联系方式。

第五十四条：询问笔录应当交被询问人核对，对没有阅读能力的，应当向其宣读。记录有误或者遗漏的，应当允许被询问人更正或者补充，并要求其在修改处按指印。被询问人确认笔录无误后，应当在询问笔录上逐页签名或者按指印。拒绝签名和按指印的，办案人民警察应当在询问笔录中注明。

办案人民警察、翻译人员应当在询问笔录上签名。

询问时，在文字记录的同时，可以根据需要录音、录像。

第五十六条：询问违法嫌疑人时，应当认真听取违法嫌疑人的陈述和申辩。对违法嫌疑人的陈述和申辩，应当认真核查。

第五十九条：询问被侵害人或者其他证人前，应当了解被询问人的身份以及被侵害人、其他证人、违法嫌疑人之间的关系。

办案人民警察不得向被侵害人或者其他证人泄漏案情或者表示对案件的看法。

(2) 填写说明。

《询问笔录》属于叙述型文书，由首部、正文和尾部组成。

① 首部。包括文书名称、询问次数、询问的起止时间、询问地点、询问人姓名（签名）及工作单位、记录人姓名（签名）及工作单位、被询问人的基本情况。

② 正文。正文采取问答形式记录。记录时，每段应以“问”、“答”为句首开始，不能用其他符号代替。对被询问人的回答内容以第一人称“我”记录。询问时应当按照以下顺序进行并记录。

a. 询问人员表明身份，并告知被询问人依法享有的权利和义务，告知其对办案人民警察的提问有如实回答的义务以及对本案无关的问题有拒绝回答的权利。

b. 首次询问时，要询问是否申请询问人员回避。

c. 案件的违法事实。

在第二次以及以后的询问中，主要根据以前被询问人的询问及案件调查情况，有针对性地对案件有关情况作进一步询问。询问内容可以是案件的全面情况，也可以是案件的某个情节。

③ 尾部。询问结束后，填写询问结束时间，应在笔录每页右上角页码栏添上页码，在首页页码栏填上总页数。

(3) 注意事项。

① 询问应当由不少于两人的人民警察进行。

②《询问笔录》要尊重被询问人的原意，尽可能记录被询问人的原话，在文字记录的同时，可以根据需要录音、录像。

③ 办案人民警察在询问时不能表示自己对案件的倾向性意见，严禁使用威胁、引诱和其他非法方法询问。

④ 询问次数与笔录页码均用"壹、贰、叁………"大写。

⑤ 询问笔录可加附页，并标明页码。

具体如图 5-34～图 5-37 所示。

例文一：被询问人为法人代表

第 壹 次询问
第 壹 页 共贰页

询 问 笔 录

询问时间 2012 年 9 月 10 日 14 时 10 分至 2012 年 9 月 10 日 16 时 15 分
询问地点 ××市公安局网络警察支队
询问人（签名） 民警甲 民警乙 工作单位 ××市公安网络警察支队
记录人（签名） 民警甲 工作单位 ××市公安网络警察支队
被询问人 ××× 性别 男 出生日期 1966 年 8 月 21 日
户籍所在地 ××市 xx 区 xx 街
现住址 ××市 xx 区 xx 街
被询问人身份证件种类及号码 居民身份证 xxxxxxxxxxxxxxxxxx
联系方式 9873194
（口头传唤的被询问人____月____日____时____分到达，____月____日____时____分离开，本人签名确认：____________________）。

问：我们是××市公安网络警察支队的工作人员，现依法向你询问××网吧擅自停止实施安全技术措施案的有关情况，请你如实回答，对与本案无关的问题，你有拒绝回答的权利，你听清楚了么？
答：我听清楚了。
问：依据法律，你享有对我们申请回避的权利。是否对我们申请回避？
答：不申请。
问：你在××网吧从事什么工作？
答：我是这个网吧的法人代表。
问：今天上午我们对××网吧进行检查，××网吧因涉嫌擅自停止实施安技术措施，我们依法对你进行传唤，你知道吗？
答：我知道。
问：我们已经把你传唤到公安机关的事情通知了你的妻子。
答：我已经得知。
问：××网吧是什么时候开业的？
答：2005 年 12 月

×××（捺印）

图 5-34 法人代表询问笔录第一页

第 贰 页

问：有多少台计算机？
答：122台，其中两台是服务器。
问：这些计算机安装了网吧安全技术措施管理软件了吗？
答：都安装了。
问：网吧的管理服务器的安全技术措施管理软件你们开启使用了么？
答：没有。
问：有多长时间了？
答：两天。
问：为什么擅自停止实施安全技术措施管理软件？
答：平时由网管负责，我没有注意，忘记了。
问：你还有什么要补充的吗？
答：没有了。
问：你以上所作陈述是否属实？
答：属实。
问：以上材料你看一下，如果和你说的相符就签字。
答：好。

以上材料我看过，和我说的一样（和正文不要留间隙）

×××（捺印）

2012年9月10日

询问人：民警甲　民警乙

图 5-35　法人代表询问笔录第二页

例文二：被询问人为经理或管理员（需要询问经理或管理员时使用）

第 壹 次询问
第 壹 页 共贰页

询 问 笔 录

询问时间 2012年9月10日14时10分至2012年9月10日16时15分
询问地点 ××市公安局网络警察支队
询问人（签名） 民警甲　民警乙 工作单位 ××市公安网络警察支队
记录人（签名） 民警甲 工作单位 ××市公安网络警察支队
被询问人 ××× 性别 女 出生日期 1981年8月21日
户籍所在地 ××市xx区xx街
现住址 ××市xx区xx街
被询问人身份证件种类及号码 居民身份证 xxxxxxxxxxxxxxxxxx
联系方式 8873194
（口头传唤的被询问人9月10日14时05分到达，9月10日16时16分离开，本人签名确认： ××× ）。

问：我们是××市公安网络警察支队的工作人员，现依法向你询问××网吧擅自停止实施安全技术措施案的有关情况，请你如实回答，对与本案无关的问题，你有拒绝回答的权利，你听清楚了么？
答：我听清楚了。
问：依据法律，你享有对我们申请回避的权利。是否对我们申请回避？
答：不申请。
问：你在××网吧从事什么工作？
答：我是这个网吧的管理员。
问：你在网吧具体负责什么工作？
答：我负责网吧的日常管理
问：网吧的法定代表人是谁？
答：是×××
问：你和×××是什么关系？
答：雇佣关系

×××（捺印）

图 5-36　经理或管理员询问笔录第一页

第贰页

问：今天上午我们对××网吧进行检查，××网吧因涉嫌擅自停止实施安全技术措施，我们依法对你进行传唤，你知道吗？
答：我知道。
问：我们已经把你传唤到公安机关的事情通知了你的父亲。
答：我已经得知。
问：××网吧是什么时候开业的？
答：2005年12月
问：有多少台计算机？
答：122台，其中两台是服务器。
问：这些计算机安装了网吧安全技术措施管理软件了吗？
答：都安装了。
问：网吧的管理服务器的安全技术措施管理软件你们开启使用了么？
答：没有。
问：有多长时间了？
答：两天。
问：为什么擅自停止实施安全技术措施管理软件？
答：我没有注意，忘记了。
问：你还有什么要补充的吗？
答：没有了。
问：你以上所作陈述是否属实？
答：属实。
问：以上材料你看一下，如果和你说的相符就签字。
答：好。

以上材料我看过，和我说的一样（和正文不要留间隙）
×××（捺印）
2012年9月10日

询问人：民警甲　民警乙

图 5-37　经理或管理员询问笔录第二页

7. 检查笔录的制作

(1) 本文书的制作依据。

《公安机关办理行政案件程序规定》

第六十条　办案人民警察对于违法行为案发现场，必要时可以进行勘验，及时提取与案件有关的证据材料，判断案件性质，确定调查方向和范围。

现场勘验参照刑事案件现场勘验的有关规定执行。

第六十一条　公安机关对与违法行为有关的场所、物品、人身可以进行检查。检查时，人民警察不得少于两人，并应当出示工作证件和县级以上公安机关开具的检查证。对确有必要立即进行检查的，人民警察经出示工作证件，可以当场检查。

公安机关及其人民警察对机关、团体、企业、事业单位或者公共场所进行日常监督检查，依照有关法律、法规和规章执行，不适用前款规定。

第六十三条　检查场所或者物品时，应当注意避免对被检查物品造成不必要的损坏。

检查场所时，应当有被检查人或者其他见证人在场。

第六十四条　检查情况应当制作检查笔录。检查笔录由检查人员、被检查人或者见证人签名；被检查人不在场或者拒绝签名的，办案人民警察应当在检查笔录中注明。

(2) 填写说明。

《检查笔录》属于叙述型文书，由首部、正文和尾部组成。

① 首部。包括制作机关名称、文书名称、检查起止时间、检查对象、工作证件号码、检查人员姓名、工作单位、职务。检查的时间要精确到分。

② 正文。检查“过程及结果”应当写明案情现场概况及现场检查情况。应当将检查中发现的涉及案件事实的有关情况准确、客观地记录下来。

③ 尾部。由检查活动的检查人、记录人、见证人分别签字。被检查人不在场或者拒绝签名的，检查人应当在其中注明。

(3) 注意事项。

① 记录要突出重点，详略得当，对与违法行为有关的情况要详尽记载，对与案件意义不大的情况要略写，无关的内容则不写。

② 必须客观真实，不得将分析、判断、估计、推测的东西记入，用语要规范、准确，要使用专业用语、业务术语准确记述有关情况。

具体如图 5-38 所示。

××市公安局

~~勘验~~/检查笔录

时间 2012 年 9 月 10 日 9 时 10 分至 2012 年 9 月 10 日 9 时 50 分

~~勘验地点~~/检查对象　××市××区××街××网吧

检查证或者工作证件号码　警号：123　警号：124

~~勘验~~/检查人员姓名、工作单位、职务（职称）　民警甲 ××市公安局网络警察支队民警　民警乙 ××市公安局网络警察支队民警。

过程及结果（网吧检查一般为当场检查，检查笔录首先要注明为当场检查）

检查人员当场检查了××网吧的安全技术措施使用情况，该网吧共有管理服务器两台，用户客户端 120 台，其中管理服务器安装了安全技术措施软件但没有开启使用，用户终端 16 台没有安装安全技术措施软件，分别是 10 号、11 号、22 号用户端。(此部分内容应与抓屏等证据相符合）

在检查过程中，未损坏任何物品。

检查过程中具有见证人王 xx 和李 xx 在场见证。

~~勘验~~/检查人（签名）：民警甲　民警乙

记录人（签名）：民警甲

被检查人或者见证人（签名）：王 xx　李 xx（捺印）

图 5-38　检查笔录

8. 行政处罚告知的制作

(1) 本文书的制作依据。

《公安机关办理行政案件程序规定》

第九十七条　公安机关在作出下列行政处罚决定之前，应当告知违法嫌疑人有要求举行听证的权利：

① 责令停产停业；

② 吊销许可证或者执照；

③ 较大数额罚款；

④ 法律、法规和规章规定违法嫌疑人可以要求举行听证的其他情形。

前款第三项所称"较大数额罚款"，是指对单位处以一万元以上罚款。

第一百零七条　对适用听证程序的行政案件，办案部门在提出处罚意见后，应当告知违法嫌疑人拟作出的行政处罚和有要求举行听证的权利。

第一百四十三条　公安机关在作出行政处罚决定前，应当告知违法嫌疑人拟作出行政处罚决定的事实、理由及依据，并告知违法嫌疑人依法享有陈述权和申辩权。

适用一般程序作出行政处罚决定的，采用书面形式或者笔录形式告知。

(2) 填写说明。

《公安行政处罚告知笔录》由首部、正文和尾部组成，属于叙述型文书。

① 首部。首部应当填写被告知网吧名称和法人代表姓名。

② 正文。

a. "告知内容"栏。"告知内容"第一栏属于必填部分，填写时应当将对违法嫌疑人拟作出的行政处罚决定的事实、理由及依据明确写明，但不要求写明拟作出的处罚种类和幅度，并告知违法网吧法定代表人有针对上述告知事项进行陈述和申辩的权利。"告知内容"第二栏"拟作出的行政处罚部分"仅在公安机关作出符合听证范围的行政处罚决定前，向当事人告知有要求听证的权利时填写，应当填写处罚的具体种类和幅度。以此填写受理听证申请的具体机关。

b. 办案人民警察向被告知网吧提出"对上述告知事项你是否提出陈述和申辩"的回答内容。但是，如果是听证告知的，无须填写此问答，可当场询问是否申请举行听证并作记录。

c. 告知结束后，被告知人提出陈述和申辩的，可另纸记录，笔录末尾由被告知人签名并注明日期。被告知人也可以提供书面陈述、申辩材料。

(3) 注意事项。

① 本文书只适用于一般程序的行政案件办案过程中使用。对于适用简易程序作出的行政处罚决定，不要求公安机关采取书面笔录的形式履行告知义务。

② 对于符合听证范围的案件，在填写拟作出行政处罚决定的事实、理由和依据的同时，还要告知拟作出处罚的种类和幅度。一般情况下，对于不属于听证范围的案件，则不必告知拟作出的处罚的种类和幅度。

③ 告知笔录应当在审批处罚前告知和制作。享有听证权利的应当在内部审批程序完成后，决定书下达前告知。当事人要求听证的，应当告知当事人向拟作出行政处罚的公安机关的法制部门提出。

具体如图 5-39 和图 5-40 所示。

××市公安局

公 安 行 政 处 罚 告 知 笔 录

（例文一，处罚结果属于听证范围）

告知单位　××市公安局　告知人 民警甲 民警乙

被告知人________

被告知单位名称　××市黄河区塔直街　××　网吧

法定代表人　×××

告知内容：

1. 根据《中华人民共和国行政处罚法》第三十一条规定，现将拟作出行政处罚决定的事实、理由、依据告知如下：

××市××区××街××网吧自2012年9月9日起，擅自停止实施安全技术措施。2012年9月10日，我支队民警对该网吧进行检查时，发现该网吧未实施安全技术措施。以上实施有××网吧法人代表×××询问笔录、管理员×××询问笔录、检查笔录等证据证实。××网吧擅自停止实施安全技术措施，根据《互联网上网服务营业场所管理条例》第三十二条第五项之规定，对其进行处罚。

对上述告知事项，你（单位）有权进行陈述和申辩。

2、（听证告知）拟作出的行政处罚：警告并处一万元罚款

对公安机关拟作出的上述行政处罚，根据《中华人民共和国行政处罚法》第四十二条规定，你（单位）有权要求听证。如果要求听证，你（单位）应在被告知后三日内向××市公安局提出，逾期视为放弃听证。（拟作出的行政处罚不属于听证范围的此项不添。）

问：对以上告知内容你听清楚了吗？

答：听清楚了

问：你是否申请举行听证

答：我申请。

被告知人（签名）：×××（捺印）

2012年9月10日

图 5-39　行政告知笔录(处理结果属于听证范围)

××市公安局

公 安 行 政 处 罚 告 知 笔 录

（例文二，处罚结果不属于听证范围）

告知单位　××市公安局　告知人 民警甲 民警乙

被告知人________

被告知单位名称　××市××区××街××网吧

法定代表人　×××

告知内容：

1. 根据《中华人民共和国行政处罚法》第三十一条规定，现将拟作出行政处罚决定的事实、理由、依据告知如下：

××市××区××街××网吧自2012年9月9日起，擅自停止实施安全技术措施。2012年9月10日，我支队民警对该网吧进行检查时，发现该网吧未实施安全技术措施。以上实施有××吧法人代表×××询问笔录、管理员×××询问笔录、检查笔录等证据证实。××网吧擅自停止实施安全技术措施，根据《互联网上网服务营业场所管理条例》第三十二条第五项之规定，对其进行处罚。

对上述告知事项，你（单位）有权进行陈述和申辩。

2、（听证告知）拟作出的行政处罚：________

对公安机关拟作出的上述行政处罚，根据《中华人民共和国行政处罚法》第四十二条规定，你（单位）有权要求听证。如果要求听证，你（单位）应在被告知后三日内向________提出，逾期视为放弃听证。（拟作出的行政处罚不属于听证范围的此项不添。）

问：对以上告知内容你听清楚了吗？

答：听清楚了

问：对上述告知事项，你是否提出陈述和申辩？（听证告知的，无需填写此问答）

答：我不提出陈述和申辩。（被告知人提出陈述和申辩的，可另纸记录，笔录末尾由被告知人签名并注日期。被告知人也可提供书面陈述、申辩材料。）

被告知人（签名）：×××（捺印）

2012年9月10日

图 5-40　行政告知笔录(处罚结果不属于听证范围)

9. 不予受理听证通知书的制作

（1）本文书的制作依据。

《公安机关办理行政案件程序规定》第一百一十条：公安机关收到听证申请后，应当在两日内决定是否受理。认为听证申请人的要求不符合听证条件，决定不予受理的，应当制作不予受理听证通知书，告知听证申请人。逾期不通知听证申请人的，视为受理。

（2）填写说明。

《不予受理听证通知书》属于填充型文书，包括首部、正文和尾部。

① 首部。包括制作机关名称和文件名称。

② 正文。以此填写提出网吧的名称，案件名称和认为不予受理的理由，如：提出听证申请超出法定期限、处罚内容不属于申请听证的范围等。

③ 尾部。填写制作文书的具体时间，并加盖公安机关印章，最后由申请人附卷文书指定位置签名并按指印，并书写具体日期。

（3）注意事项。

① 一般情况下，凡是符合听证条件的，公安机关办案民警都会依法告知其申请听证的权利。但是，也有不符合听证条件的网吧提出听证申请的。对此，公安机关负责听证受理的人员应当制作《不予受理听证通知书》。

② 对于符合听证条件,公安机关也依法告知其申请听证的权利。但是,超过法定期限才提出听证要求,对此,要审查是否存在不可抗力或者其他特殊情况。对因不可抗力或者其他特殊情况未在规定期限3日内提出听证要求的,但却能在障碍消除后3日内提出申请的,一般情况下应当准许举行听证。

具体如图5-41所示。

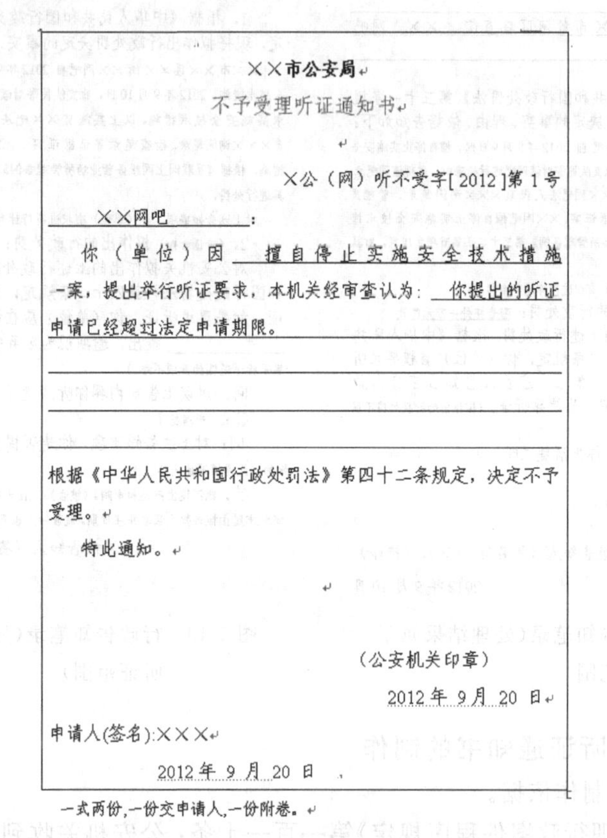

××市公安局

不予受理听证通知书

×公(网)听不受字[2012]第1号

××网吧:

你(单位)因 擅自停止实施安全技术措施 一案,提出举行听证要求,本机关经审查认为: 你提出的听证申请已经超过法定申请期限。

根据《中华人民共和国行政处罚法》第四十二条规定,决定不予受理。

特此通知。

(公安机关印章)

2012年9月20日

申请人(签名):×××

2012年9月20日

一式两份,一份交申请人,一份附卷。

图5-41 不予受理听证通知书

10. 举行听证通知书的制作

(1) 本文书的制作依据。

《公安机关办理行政案件程序规定》第一百一十一条:公安机关受理听证后,应当在举行听证的7日前将举行听证通知书送达听证申请人,并将举行听证的时间、地点通知其他听证参加人。

(2) 填写说明。

《不予受理听证通知书》属于填充型文书,包括首部、正文和尾部。

① 首部。包括制作机关名称和文件名称、发文字号。

② 正文。抬头横线处填写被通知的网吧名称,以下内容以此填写举行听证的时间、地点和案由。

③ 尾部。填写制作文书的具体时间,并加盖公安机关印章,最后由被通知人在附卷

文书指定位置签名并按指印，并书写具体日期。

(3) 注意事项。

① 使用文书时，主要不得违反送达时限的规定，即公安机关在受理听证后，应当在举行听证的 7 日前将《举行听证通知书》送达听证申请人。

② 当事人放弃听证或者撤回听证要求后，处罚决定作出前，又提出听证要求，只要在听证申请有效期限内，应当允许。符合听证条件的，公安机关应当举行听证，并使用《举行听证通知书》。

③ 本文书主要对申请听证的网吧使用，对于其他参与听证的参加人，组织听证的部门可采取口头或电话等方式通知，不必采用书面告知的形式。

具体如图 5-42 所示。

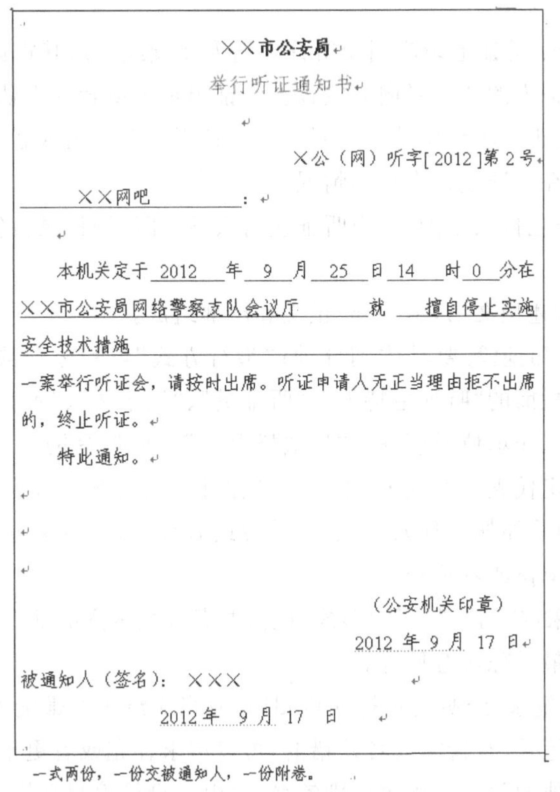

××市公安局

举行听证通知书

×公（网）听字[2012]第 2 号

××网吧：

本机关定于 2012 年 9 月 25 日 14 时 0 分在××市公安局网络警察支队会议厅 就 擅自停止实施安全技术措施一案举行听证会，请按时出席。听证申请人无正当理由拒不出席的，终止听证。

特此通知。

（公安机关印章）

2012 年 9 月 17 日

被通知人（签名）：×××

2012 年 9 月 17 日

一式两份，一份交被通知人，一份附卷。

图 5-42　举行听证通知书

11. 听证笔录的制作

(1) 本文书的制作依据。

《中华人民共和国行政处罚法》第 42 条第 7 项规定：听证应当制作笔录；笔录应当交当事人审核无误后签字或者盖章。

《公安机关办理行政案件程序规定》第一百二十六条：记录员应当将举行听证的情况记入听证笔录。听证笔录应当载明下列内容：

① 案由；

② 举行听证的时间、地点和方式；

③ 听证人员的姓名、职务；

④ 听证参加人的姓名、单位或者住址；

⑤ 办案人民警察陈述的事实、证据和法律依据以及行政处罚意见；

⑥ 听证申请人或者其代理人的陈述和申辩；

⑦ 第三人陈述的事实和理由；

⑧ 办案人民警察、听证申请人或者其代理人、第三人质证、辩论的内容；

⑨ 证人陈述的事实；

⑩ 听证申请人、第三人、办案人民警察的最后陈述意见；

⑪ 其他事项。

第一百二十七条：听证笔录应当交听证申请人阅读或者向其宣读。听证笔录中的证人陈述部分，应当交证人阅读或者向其宣读。听证申请人或者证人认为听证笔录有误的，可以请求补充或者改正。听证申请人或者证人审核无误后签名或者按指印。拒绝签名和按指印的，由记录员在听证笔录中记明情况。

听证笔录经听证主持人审阅后，由听证主持人、听证员和记录员签名。

(2) 填写说明。

听证笔录属于叙述型文书，由首部、正文和尾部组成。

① 首部。“时间”的填写要具体到分钟；“举行方式”填写公开或者秘密(不公开)形式；“听证记录内容”栏前的“听证主持人”、“听证员”、“记录员”、“本案办案人民警察”栏填写上述人员的姓名、工作单位及职务。“违法嫌疑人”栏应填写网吧名称和地址，并在“法定代表人”栏填写法定代表人的姓名、单位或者住址。违法嫌疑人有委托代理人的，应当在“委托代理人”栏填写委托代理人的姓名、单位或者住址。“本案办案人民警察”栏填写办案人民警察姓名、单位或者住址。

② 正文。正文采取“问”、“答”的形式，包括办案人民警察的处罚意见，证据提供和质证情况，辩论意见和最后陈述意见等。

③ 尾部。《听证笔录》经听证主持人审阅后，应当交给违法嫌疑人或者向其宣读。违法嫌疑人认为《听证笔录》有遗漏或者差错的，可以请求补充或者更正，经补正或者确认无误后，应当签字。其他相关人员依次分别签名，并由记录员填写具体时间。

(3) 注意事项。

《听证笔录》必须是对听证情况的客观记录，其中不得掺杂听证主持人、听证员及记录人的判断和结论性内容。

具体如图 5-43 和图 5-44 所示。

12. 公安行政处罚决定书的制作

(1) 本文书的制作依据。

《中华人民共和国行政处罚法》第 39 条：行政机关依照本法三十八条的规定予以行

第壹页共贰页

××市公安局

听证笔录

案由 ××网吧擅自停止实施安全技术措施

时间 2012 年 9 月 25 日 14 时 0 分至 2012 年 9 月 25 日 16 时 30 分

地点 ××市公安局网络警察支队会议厅 举行方式 公开举行

听证主持人 刘 xx　××市公安局法制科科长

听证员 张 xx　李 xx　××市公安局法制科民警

记录员 文 xx　××市公安局法制科民警

违法嫌疑人 ××网吧　××市××区××街

法定代表人 ×××　××市 xx 区 xx 街

委托代理人 无

本案其他利害关系人 无

本案其他利害关系人的代理人 无

本案办案人民警察 民警甲 民警乙 ××市公安局网警支队民警

听证内容记录 问：听证主持人核对听证参加人；宣布案由；宣布听证员、记录员名单；告知当事人听证中的权利和义务；询问当事人是否申请回避。

答：不申请回避。

问：开始听证调查。请调查人员介绍案件事实、调查经过和处罚

图 5-43　听证笔录第一页

第贰页

情况，并出示证据。

答：办案民警甲陈述（内容略）

问：听证申请人进行陈述和申辩。

答：听证申请人×××陈述（内容略）

问：下面双方进行辩论和质证，请听证申请人发言。

答：听证申请人×××辩论发言（内容略）

问：请办案人民警察辩论发言。

答：办案民警甲辩论发言（内容略）

问:听证申请人、办案人民警察作最后陈述。

答：听证申请人最后陈述（内容略）

办案人民警察最后陈述（内容略）

（听证主持人宣布听证会结束）

违法嫌疑人或者代理人（签名）：以上笔录我看过，和我所说相符。×××

其他利害关系人或者代理人（签名）：

证人(签名)：

听证员（签名）：张 xx　李 xx

听证主持人（签名）：刘 xx

记录员（签名）：文 xx　2012 年 9 月 25 日

图 5-44　听证笔录第二页

政处罚，应当制作行政处罚决定书。行政处罚决定书应当载明下列事项：①当事人的姓名或者名称、地址；②违反法律法规或者规章的事实和证据；③行政处罚的种类和依据；④行政处罚的履行方式和期限；⑤不服行政处罚决定，申请行政复议或者提起行政诉讼的途径和期限。

《公安机关办理行政案件程序规定》第一百三十八条：一人有两种以上违法行为的，分别决定，合并执行，可以制作一份决定书，分别写明对每种违法行为的处理内容和合并执行的内容。一个案件有多个违法行为人的，分别决定，可以制作一式多份决定书，写明给予每个人的处理决定，分别送达每一个违法行为人。

(2) 填写说明。

《公安行政处罚决定书》属于填充型文书。本文书由正本和存根两部分组成。

① 正本。正本一式三份，被处罚人和执行单位各一份，一份附卷。正本分为首部、正文和尾部三部分。

a. 首部。填写“被处罚人”栏时，应当填写网吧名称、地址和法定代表人姓名。

b. 正文。“现查明”后面的横线处填写违法事实部分以及从重、从轻等情节，填写时应当准确、简明、扼要。在“以上事实有”后面的横线处填写证据部分，填写时应当填写证据的具体名称。在“根据”后面的横线处填写法律依据，包括作出的处罚和收缴、追缴等其他行政处理的法律依据。“现决定”后面的横线处填写决定内容，包括处罚的种类和幅度以及没收、收缴、追缴等对涉案财物的处理内容及对被处罚人的其他处理情况。在“履行方式”后面的横线处要注明具体的期限和方式，包括合并执行的情况。被处罚人的救济途径应当写明申请行政服役或者提起行政诉讼的期限以及申请行政复议或者提起行政诉讼的受理机关名称。其中法院名称填写作出具体行政处罚的公安机关所在地基层人民法院。

c. 尾部。应当填写清楚成文日期，并加盖处罚机关印章。被处罚人或者被处罚单位的法定代表人或者负责人应当在“附卷文书”上签名。拒绝签名的，由办案人民警察在上面注明。

② 存根。依次填写文书字号、案由、被处罚网吧名称、地址及其法定代表人姓名和现住址。行政处罚决定的种类和幅度等具体内容、办案单位、承办人、批准人、填发人及填发日期等内容。

(3) 注意事项。

a. 本文书依法制作后，即向当事人当场宣告或者派人到当事人所在单位或者住所向当事人宣告，并将决定书当场交付当事人即为送达。如果当事人不在场，应当在两日内送达，并要求当事人在附卷文书上签字。如果不能直接送达的，可依法采取其他方式送达。

b. 一并作出没收、收缴、追缴决定时，应当附有相应的清单，并在决定书中注明清单的名称和数量。

c. 如果被处罚网吧法定代表人拒绝在《公安行政处罚决定书》(附卷文书)上签字，办案人民警察应当在此联注明。

d. 公安行政处罚决定书一经送达，便发生法律效力。提起行政复议或行政诉讼的期限，从送达之日起计算。

具体如图 5-45～图 5-48 所示。

公安行政处罚审批表

×公（网）审字[2012]033 号

案由	擅自停止实施安全技术措施（应与相关法律法规原文相符）			发案时间	2012 年 9 月 10 日	
案件文号	沈公（网）行受字（2012）第 033 号					
违法嫌疑人	姓名		性别		民族	
	出生日期			文化程度		
	身份证件种类及号码					
	现住址					
	户籍所在地					
	工作单位					
	违法犯罪记录					
违法嫌疑单位	名称	××网吧		法定代表人	×××	
	地址	××市××区××街				
同案其他人						
违法事实及证据	经查，××市××区××街××网吧自 2012 年 9 月 9 日起，擅自停止实施安全技术措施。2012 年 9 月 10 日，我支队民警对该网吧进行检查时，发现该网吧未实施安全技术措施。以上违法事实有××网吧法人代表×××询问笔录、管理员×××询问笔录、网吧检查笔录等证据证明。 （此部分的时间、事实及证据证明等内容应与其他证据相符合）					

（正面）

图 5-45　公安行政处罚审批表(正面)

承办人意见	根据《互联网上网服务营业场所管理条例》第三十二条第（五）项之规定，建议对××网吧进行警告并处一万元罚款处罚，请领导批示。 承办人：民警甲　民警乙　　　2012 年 9 月 28 日
承办单位意见	根据《互联网上网服务营业场所管理条例》第三十二条第（五）项之规定，呈请对 ×× 网吧进行警告并处一万元罚款处罚，请审批。 负责人：承办单位领导签字　　　2012 年 9 月 28 日
审核部门意见	 负责人：　　　年　月　日
领导审批意见	同意处罚 领导：主管领导　　　2012 年 9 月 28 日

（背面）

图 5-46　公安行政处罚审批表(背面)

××市公安局

公安行政处罚决定书

×公（网）决字［2012］第 24 号

案　　由　擅自停止实施安全技术措施

被处罚人（单位）　××网吧　　性别　　出生日期

身份证件种类及号码

现 住 址　××市××区××街

工作单位

法定代表人　×××　　××市××区××街

行政处罚决定　警告并处罚款一万元

办案单位　××市公安局网络警察支队

承 办 人　民警甲　民警乙

批 准 人　李xx

填 发 人　张xx

填发日期　2012 年 9 月 28 日

存根

图 5-47　公安行政处罚决定书(存根)

××市公安局

公安行政处罚决定书

×公（2012 ）决字[2012]第 24 号

被处罚人（单位）　××　网吧，××市××区××街，法人代表×××

现查明 ××市××区××街 ×× 网吧自 2012 年 9 月 9 日起，擅自停止实施安全技术措施。2012 年 9 月 10 日，我支队民警对该网吧进行检查时，发现该网吧未实施安全技术措施。

以上事实有　以上违法事实有　××　网吧法人代表×××询问笔录、管理员×××询问笔录、网吧检查笔录　等证据证实。

根据　《互联网上网服务营业场所管理条例》第三十二条第（五）项之 规定　，现决定 给予　××　网吧进行警告并处一万元罚款的处罚。

履行方式：　限你于 2012 年 9 月 30 日前向中国工商银行××省分行××市支行 xxx 街 xxx 号分理处缴纳罚款　。

被处罚人如不服本决定，可以在收到本决定书之日起六十日内向　上一级公安机关或者××市人民政府　申请行政复议或者在三个月内依法向　xxx 区　人民法院提起行政诉讼。

附：　　清单共　　份。

（公安机关印章）

2012 年 9 月 28 日

被处罚人（签名）：×××

2012 年 9 月 28 日

一式三份，被处罚人和执行单位各一份，一份附卷。

图 5-48　公安行政处罚决定书

13. 案件材料的制作

抓屏记录或者照片应客观反映违法事实，打印件由被处罚单位法人代表或者管理员签名按手印，两名以上办案民警签字，填写抓屏（照片）日期，并附简要文字说明，如图 5-49 所示。

14. 其他证据的制作

其他证据为可选证据，非必须具备，如图 5-50 所示。其他证据包括网吧相关手续复印件，网吧法人代表、管理人员、上网人员陈述等。其中网吧法人代表、管理人员请求自行陈述的，应当准许。必要时，办案人民警察也可以要求网吧法人代表、管理人员、上网人员等自行书写陈述。自行陈述需要由陈述人在末页上签字按手印。办案人收到书面陈述时应在首页右上方写明“于××××年××月××日收到”，并签字。

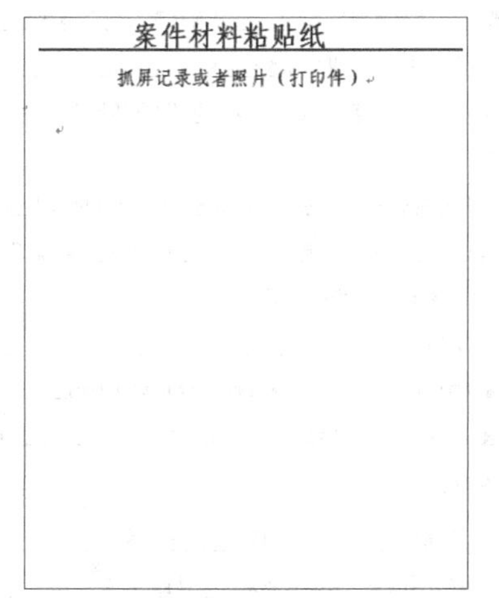
案件材料粘贴纸

抓屏记录或者照片（打印件）

图 5-49　案卷材料粘贴纸（抓屏记录或者照片）

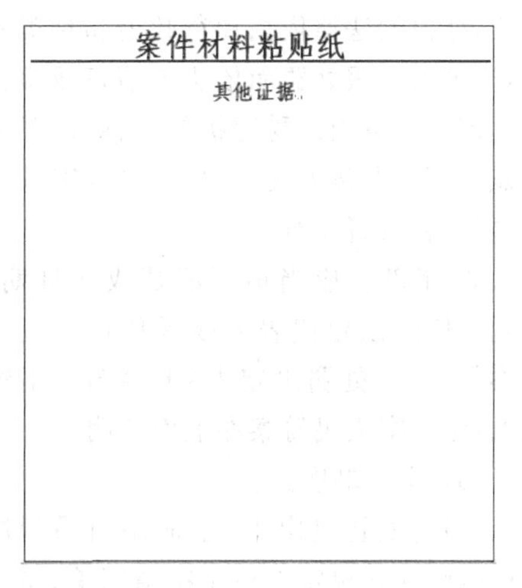
案件材料粘贴纸

其他证据

图 5-50　案卷材料粘贴纸（其他证据）

15. 当场处罚决定书制作

（1）本文书的制作依据。

《公安机关办理行政案件程序规定》

第三十条　违法事实确凿，且具有下列情形之一的，人民警察可以当场作出处罚决定，有违禁品的，可以当场收缴。

① 对有其他违法行为的个人处 50 元以下罚款或者警告、对单位处 1000 元以下罚款或者警告的；

② 法律规定可以当场处罚的其他情形。

第三十一条　当场处罚，应当按照下列程序实施。

① 向违法行为人表明执法身份，指明其违法事实；

② 对违法行为人的陈述和申辩，应当充分听取；违法行为人提出的事实、理由或者证据成立的，应当采纳；

③ 填写当场处罚决定书并当场交付被处罚人；

④ 当场收缴罚款的，同时填写罚款收据，交付被处罚人；不当场收缴罚款的，应当告知被处罚人在规定期限内到指定的银行缴纳罚款。

第三十二条　适用简易程序处罚的，可以由人民警察一人作出行政处罚决定。

人民警察当场作出行政处罚决定的，应当于作出决定后的 24 小时内报所属公安机关备案。

(2) 填写说明。

《当场行政处罚决定书》是填充型文书，由首部、正文和尾部组成。

① 首部。“被处罚人”应当填写网吧名称，并填写法定代表人；“现住址”填写网吧地址。

② 正文。正文主要填写当事人的违法事实，处罚的法律依据和行政处罚种类和幅度，当事人不服处罚而依法申请行政服役或者提起行政诉讼的受理机关名称，以及处罚地点，最后，办案人民警察应在“办案人民警察”栏签名或者盖章。

③ 尾部。应当填写清楚成文日期；被处罚单位的法定代表人或者负责人应当在备案的《当场处罚决定书》上签名。拒绝签名的，由办案人民警察在上面注明。

(3) 注意事项。

《当场处罚决定书》是适用简易程序作出的行政处罚决定。对于案情简单、情节轻微，无须多方查证即能认定违法事实，并且不涉及其他违法犯罪的案件，在制作和使用时简便、快捷，有利于保证及时地处理行政案件，提高办案效率。

具体如图 5-51 所示。

××市公安局

当场处罚决定书

编号：001

被处罚人＿＿××网吧＿＿

性别＿＿出生日期＿＿法定代表人＿＿×××＿＿

身份证件种类及号码＿身份证××××××××××××××××××＿

现住址＿＿××市××区××街××号(网吧地址)＿＿

工作单位＿＿＿＿

因＿未按规定核对、登记上网消费者的有效身份证件＿，根据＿《互联网上网服务营业场所管理条例》＿第＿三十一＿条第＿款第＿五＿项规定，决定给予＿警告＿的处罚。

履行方式：＿＿＿＿。

被处罚人如不服本决定，可以在收到本决定书之日起六十日内向＿××市公安局＿申请行政复议或者在三个月内依法向＿××区＿人民法院提起行政诉讼。

处罚地点＿××市××区××街××号＿

办案人民警察（签名或盖章）＿刘 xx＿

（处罚机关印章）

2012 年 2 月 1 日

被处罚人（签名）：×××

2012 年 2 月 1 日

一式两份，一份交被处罚人，一份交所属公安机关备案。

图 5-51　当场处罚决定书

习　题

一、判断题

1.《互联网上网服务营业场所管理条例》规定公安机关的职责是保障消防安全。（　）

2. 公安机关负责对互联网上网服务营业场所经营单位的信息网络安全、治安及消防安全的监督管理。（　）

3. 公安机关网安部门查处网吧一般程序的工作流程是制定检查方案；准备好取证设备；现场勘验、检查；询问；扣押证据；听证；报批；送达；复议；执行；立卷归档。（　）

4. 公安机关网安部门查处网吧一般程序的工作流程是制定检查方案;准备好取证设备;现场勘验、检查;扣押证据;听证;报批;送达;复议;立卷归档。（　　）

5. 公安机关网安部门负责互联网上网服务营业场所安全审核的内容是安全保护管理制度样本、购买正版网络病毒防治软件、网吧管理软件发票和固定网络地址证明。（　　）

6. 公安机关网安部门负责互联网上网服务营业场所安全审核的主要内容有:工商部门出具的名称预先核准通知书;文化部门出具的同意筹建意见书;网吧法定代表人的身份证明、高中以上学历证明、无犯罪记录证明;专职技术人员和安全管理人员的身份证明,计算机专业或相关专业中专以上学历或半年以上正规计算机培训证书,无犯罪记录证明,安全员培训证书;安全保护管理制度样本及购买正版网络病毒防治软件、网吧管理软件发票;固定网络地址证明;房产证明或房屋租赁合同。（　　）

7. 在我国,任何人都可以开设互联网上网服务营业场所。（　　）

8. 公安机关对网吧“向上网消费者提供的计算机未通过局域网的方式接入互联网的”行为,予以警告,可以并处 15 000 元以下罚款。（　　）

9. 公安机关对网吧“未按规定核对、登记上网消费者的有效身份证件或者记录有关上网信息的”行为,予以警告,可以并处 15 000 元以下罚款。（　　）

10. 公安机关对网吧“未按规定时间保存登记内容、记录备份,或者在保存期内修改、删除、登记内容、记录备份的”行为,予以警告,可以并处 15 000 元以下罚款。（　　）

11. 公安机关对网吧“擅自停止实施安全技术保护措施的”行为,予以警告,可以并处 15 000 元以下罚款。（　　）

12. 公安机关对网吧“擅自停止实施安全技术保护措施的”行为,予以警告,可以并处 15 000 元以下罚款;情节严重的,责令停业整顿,直至吊销《网络文化经营许可证》。（　　）

13.《互联网上网服务营业场所管理条例》规定,公安机关应当自收到申请人申请之日起,15 个工作日内作出决定;经实地检查并审核合格的,发给批准文件。（　　）

14.《互联网上网服务营业场所管理条例》规定,公安机关应当自收到申请人申请之日起,20 个工作日内作出决定;经实地检查并审核合格的,发给批准文件。（　　）

15. 互联网上网服务营业场所经营单位应当对上网消费者的任何带照片的证件(如学生证、身份证、驾驶证)进行核对、登记。（　　）

16. 互联网上网服务营业场所经营单位应当对上网消费者的身份证进行核对、登记。（　　）

17.《互联网上网服务营业场所管理条例》规定,互联网上网服务营业场所经营单位应当对上网消费者的登记内容和上网记录备份保存时间不得少于 30 日。（　　）

18.《互联网上网服务营业场所管理条例》规定,互联网上网服务营业场所经营单位应当对上网消费者的登记内容和上网记录备份保存时间不得少于 60 日。（　　）

19. 互联网上网服务营业场所经营单位的最基本的责任是保障营业场所安全,满足网民需求。（　　）

20. 互联网上网服务营业场所经营单位的最基本的责任是奉公守法,依法经营。（　　）

21. 信息安全培训制度是指网络接入单位(含校园网)的信息安全管理人员和技术人

员必须接受相应信息安全培训，考核通过后才能持证上岗。（ ）

22. 信息安全培训制度是指互联网上网服务营业场所的信息安全管理人员和技术人员必须接受相应信息安全培训，考核通过后才能持证上岗的一种制度。（ ）

23. 县(市、区)级公安机关消防机构和网络安全监察部门应自受理申请之日起15个工作日内进行实地检查，提出初审意见报地级以上市公安机关消防机构和网络安全监察部门分别审核。（ ）

24. 县(市、区)级公安机关消防机构和网络安全监察部门应自受理申请之日起10个工作日内进行实地检查，提出初审意见报地级以上市公安机关消防机构和网络安全监察部门分别审核。（ ）

25.《互联网上网服务营业场所管理条例》规定，负责互联网上网服务营业场所安全审核和对违反网络安全管理规定行为查处的部门是工商行政管理机关。（ ）

26.《互联网上网服务营业场所管理条例》规定，公安机关负责互联网上网服务营业场所安全审核和对违反网络安全管理规定行为查处。（ ）

27. 设立互联网上网服务营业场所经营单位，至少要具备的条件有：①有与其经营活动相适应的并符合国家规定的消防安全条件的营业场所；②有健全、完善的信息网络安全管理制度和安全技术措施；③有固定的网络地址和与其经营活动相适应的计算机等装置及附属设备；④与其经营活动相适应并取得从业资格的安全管理人员、经营管理人员、专业技术人员。（ ）

28. 设立互联网上网服务营业场所经营单位，至少要具备的条件有：①有与其经营活动相适应的并符合国家规定的消防安全条件的营业场所；②有健全、完善的信息网络安全管理制度和安全技术措施；③与其经营活动相适应并取得从业资格的安全管理人员、经营管理人员、专业技术人员。（ ）

29. 互联网上网服务营业场所经营单位违反《互联网上网服务营业场所管理条例》规定，利用营业场所制作、下载、复制、查阅、发布、传播或者以其他方式使用含有《互联网上网服务营业场所管理条例》规定禁止含有的内容的信息，尚不够刑事处罚的，公安机关应该给予警告，没收违法所得；违法经营额1万元以上的，并处违法经营额2倍以上5倍以下的罚款；违法经营额不足1万元的，并处1万元以上2万元以下的罚款；情节严重的，责令停业整顿，直至吊销《网络文化经营许可证》。（ ）

30. 互联网上网服务营业场所经营单位违反《互联网上网服务营业场所管理条例》规定，利用营业场所制作、下载、复制、查阅、发布、传播或者以其他方式使用含有《互联网上网服务营业场所管理条例》规定禁止含有的内容的信息，尚不够刑事处罚的，公安机关应该给予警告，没收违法所得。（ ）

31. 互联网上网服务营业场所经营单位擅自停止实施安全技术措施的，应当由公安机关给予警告，可以并处15 000元以下的罚款；情节严重的，责令停业整顿，直至吊销公安机关发放的许可证。（ ）

32. 互联网上网服务营业场所经营单位擅自停止实施安全技术措施的，应当由公安机关给予警告，可以并处15 000元以下的罚款；情节严重的，责令停业整顿，直至由文化行政部门吊销《网络文化经营许可证》。（ ）

33. 监督、检查、指导互联网上网服务营业场所信息网络安全保护是公安机关对互联网上网服务营业场所的信息网络安全监察管理职责之一。（　　）

34. 负责对互联网上网服务营业场所信息网络安全的审核工作是公安机关对互联网上网服务营业场所的信息网络安全监察管理职责之一。（　　）

35. 负责对互联网上网服务营业场所发生的计算机及网上违法犯罪案件的查处工作是公安机关对互联网上网服务营业场所的信息网络安全监察管理职责之一。（　　）

36. 负责对互联网上网服务营业场所各项安全制度的落实和安全技术措施的实施工作是公安机关对互联网上网服务营业场所的信息网络安全监察管理职责之一。（　　）

37. 负责对互联网上网服务营业场所的安全管理和专业技术人员的培训工作是公安机关对互联网上网服务营业场所的信息网络安全监察管理职责之一。（　　）

38. 不得制作、下载、复制、查阅、发布、传播或者以其他方式使用非法信息是互联网上网服务营业场所经营单位在经营活动中应当遵守的法律义务之一。（　　）

39. 不得从事危害信息网络安全的活动是互联网上网服务营业场所经营单位在经营活动中应当遵守的法律义务之一。（　　）

40. 不得非法接入互联网是互联网上网服务营业场所经营单位在经营活动中应当遵守的法律义务之一。（　　）

41. 不得经营非网络游戏，不得利用网络游戏或其他方式进行赌博或者变相赌博活动是互联网上网服务营业场所经营单位在经营活动中应当遵守的法律义务之一。（　　）

42. 对上网消费者的上网活动进行技术管理是互联网上网服务营业场所经营单位在经营活动中应当遵守的法律义务之一。（　　）

43. 亮证经营是互联网上网服务营业场所经营单位在经营活动中应当遵守的法律义务之一。（　　）

44. 不得接纳未成年人进入营业场所是互联网上网服务营业场所经营单位在经营活动中应当遵守的法律义务之一。（　　）

45. 履行信息网络安全、治安安全和消防安全职责是互联网上网服务营业场所经营单位在经营活动中应当遵守的法律义务之一。（　　）

46. 对上网消费者提供24小时服务是互联网上网服务营业场所经营单位在经营活动中应当遵守的法律义务之一。（　　）

47. 可以接纳16～18岁的未成年人进入营业场所并提供半价的上网服务是互联网上网服务营业场所经营单位在经营活动中应当遵守的法律义务之一。（　　）

48. 限时经营是互联网上网服务营业场所经营单位在经营活动中应当遵守的法律义务之一。（　　）

49. 互联网上网服务营业场所安全技术措施主要是履行治安安全和消防安全职责。（　　）

50. 互联网上网服务营业场所安全技术措施主要包括防治计算机病毒、防护网络攻击破坏技术措施；有害信息防治、上网信息记录等信息安全管理系统；网络系统的实体安全措施等。（　　）

51. 防治计算机病毒、防护网络攻击破坏技术措施是互联网上网服务营业场所安全

技术措施之一。（　　）

52. 有害信息防治、上网信息记录等信息安全管理系统是互联网上网服务营业场所安全技术措施之一。（　　）

53. 网络系统的实体安全措施是互联网上网服务营业场所安全技术措施之一。（　　）

54. 互联网上网服务营业场所是特指通过计算机等装置向公众提供互联网上网服务的网吧。（　　）

55. 互联网上网服务营业场所是指通过计算机等装置向公众提供互联网上网服务的网吧、计算机休闲室等营业性场所。（　　）

56. 公安机关在网吧正式营业前不需要对网吧进行安全审核。（　　）

57. 网吧可以出租给他人经营。（　　）

二、选择题

1.《互联网上网服务营业场所管理条例》规定，公安机关负责对互联网上网服务营业场所经营单位的(　　)的监督管理。

A. 信息网络安全、治安及环境安全　B. 信息网络安全、治安及消防安全

C. 发票、治安及环境安全　D. 信息网络安全、治安及印章

2. 公安机关网监部门负责互联网上网服务营业场所安全审核的内容包括(　　)网络地址证明。

A. 固定　B. 动态　C. 物理　D. MAC

3. 下列(　　)不是公安机关网监部门查处网吧一般程序工作流程中的内容。

A. 制定检查方案　B. 准备好取证设备　C. 现场勘验、检查　D. 询问

E. 扣押证据　F. 听证　G. 报批　H. 申诉

I. 送达　J. 执行

4. 互联网上网服务营业场所经营单位违反《互联网上网服务营业场所管理条例》的规定，下列(　　)行为，由公安机关给予警告，可以并处15 000元以下的罚款。

A. 在规定的营业时间以外营业的

B. 接纳未成年人进入营业场所的

C. 向上网消费者提供的计算机未通过局域网的方式接入互联网的

D. 经营非网络游戏的

5. 互联网上网服务营业场所经营单位违反《互联网上网服务营业场所管理条例》的规定，下列(　　)行为，由公安机关给予警告，可以并处15 000元以下的罚款。

A. 未悬挂《网络文化经营许可证》或者未成年人禁入标志的

B. 擅自停止实施安全技术保护措施的

C. 在规定的营业时间以外营业的

D. 擅自停止实施经营管理技术措施的

6. 互联网上网服务营业场所经营单位违反《互联网上网服务营业场所管理条例》的规定，下列(　　)行为，由公安机关给予警告，可以并处15 000元以下的罚款。

A. 在规定的营业时间以外营业的

B. 接纳未成年人进入营业场所的

C. 擅自停止实施经营管理技术措施的

D. 未建立场内巡查制度，或者发现上网消费的违法行为未予以制止并未向公安机关举报的

7. 下列(　　)不是安全员培训的对象。

A. 上网服务营业场所的安全管理人员、经营管理人员、专业技术人员

B. 计算机信息系统使用单位安全管理责任人、信息审查员

C. 计算机实验室的系统维护员

D. 安全专用产品生产单位专业技术人员

E. 安全服务机构专业技术人员、安全服务管理人员

8.《互联网上网服务营业场所管理条例》规定，公安机关应当自收到申请人申请之日起，(　　)个工作日内作出决定；经实地检查并审核合格的，发给批准文件。

A. 7　　B. 15　　C. 20　　D. 30

9. 互联网上网服务营业场所经营单位应当对上网消费者的(　　)有效证件进行核对、登记。

A. 身份证　　B. 学生证　　C. 考试证　　D. 驾驶证

10.《互联网上网服务营业场所管理条例》规定，互联网上网服务营业场所经营单位应当对上网消费者的登记内容和上网记录备份保存时间不得少于(　　)日。

A. 30　　B. 60　　C. 120　　D. 180

11. 互联网上网服务营业场所经营单位的最基本的责任是(　　)。

A. 保障营业场所安全，满足网民需求　　B. 保障营业场所安全，利润最大化

C. 依法经营，保障室内环境清洁　　D. 奉公守法，依法经营

12. 信息安全培训制度是指互联网上网服务营业场所的(　　)必须接受相应信息安全培训，考核通过后才能持证上岗。

A. 信息安全管理人员

B. 技术人员

C. 信息安全管理人员和法人代表或经营者

D. 信息安全管理人员和技术人员

13. 县(市、区)级公安机关消防机构和网络安全监察部门应自受理申请之日起(　　)个工作日内进行实地检查，提出初审意见报地级以上市公安机关消防机构和网络安全监察部门分别审核。

A. 5　　B. 7　　C. 10　　D. 15

14. 县(市、区)级(　　)应自受理申请之日起 10 个工作日内进行实地检查，提出初审意见报地级以上市公安机关消防机构和网络安全监察部门分别审核。

A. 公安机关网络安全监察部门

B. 公安机关消防机构

C. 公安机关消防机构和网络安全监察部门

D. 公安机关消防机构和网络安全监察部门、税务机关、工商机关、环境监测机

关等

15.《互联网上网服务营业场所管理条例》规定,(　　)负责互联网上网服务营业场所安全审核和对违反网络安全管理规定行为查处。

A. 工商机关　　B. 公安机关　　C. 国家安全机关　　D. 司法机关

16. 以下(　　)不是设立互联网上网服务营业场所经营单位具备的条件。

A. 有与其经营活动相适应的并符合国家规定的消防安全条件的营业场所

B. 有健全、完善的信息网络安全管理制度和安全技术措施

C. 有固定的网络地址和与其经营活动相适应的计算机等装置及附属设备

D. 与其经营活动相适应并取得从业资格的安全管理人员、中级以上专业技术人员

17. 互联网上网服务营业场所经营单位违反《互联网上网服务营业场所管理条例》规定,利用营业场所制作、下载、复制、查阅、发布、传播或者以其他方式使用含有《互联网上网服务营业场所管理条例》规定禁止含有的内容的信息,尚不够刑事处罚的,违法经营额不足1万元的,并处(　　)的罚款。

A. 1万元以下　　B. 1万元以上2万元以下

C. 1万元以上3万元以下　　D. 2万元以上3万元以下

18. 互联网上网服务营业场所经营单位违反《互联网上网服务营业场所管理条例》规定,利用营业场所制作、下载、复制、查阅、发布、传播或者以其他方式使用含有《互联网上网服务营业场所管理条例》规定禁止含有的内容的信息,尚不够刑事处罚的,违法经营额不足1万元的,并处(　　)的罚款。

A. 违法经营额1倍以上10倍以下的罚款

B. 违法经营额2倍以上10倍以下的罚款

C. 违法经营额1倍以上5倍以下的罚款

D. 违法经营额2倍以上5倍以下的罚款

19. 互联网上网服务营业场所经营单位擅自停止实施安全技术措施的,应当由公安机关给予警告,可以并处15 000元以下的罚款;情节严重的,责令停业整顿,直至(　　)。

A. 由公安机关吊销其发放的许可证

B. 由文化行政部门吊销《网络文化经营许可证》

C. 由工商行政部门吊销《经营许可证》

D. 以上都不对

20. 下列(　　)不属于公安机关对互联网上网服务营业场所的信息网络安全监察管理职责范围。

A. 监督、检查、指导互联网上网服务营业场所信息网络安全保护

B. 负责对互联网上网服务营业场所信息网络安全的审核工作

C. 负责对互联网上网服务营业场所发生的计算机及网上违法犯罪案件的查处工作

D. 负责对互联网上网服务营业场所各项安全制度的落实和安全技术措施的实施工作

E. 负责对互联网上网服务营业场所的安全管理和专业技术人员的培训工作

F. 履行当地公安机关制定的安全保护工作的其他监督职能

21. 除了(　　),其他都是互联网上网服务营业场所经营单位在经营活动中应当遵守的法律义务。

A. 不得制作、下载、复制、查阅、发布、传播或者以其他方式使用非法信息

B. 不得从事危害信息网络安全的活动、不得非法接入互联网

C. 对上网消费者提供 24 小时服务

D. 不得经营非网络游戏,不得利用网络游戏或其他方式进行赌博或者变相赌博活动

E. 对上网消费者的上网活动进行技术管理

F. 不得接纳未成年人进入营业场所

22. 互联网上网服务营业场所安全技术措施不包括(　　)。

A. 上网用户实名制

B. 防治计算机病毒、防护网络攻击破坏技术措施

C. 网络系统的实体安全措施

D. 有害信息防治、上网信息记录等信息安全管理系统

23.《互联网上网服务营业场所管理条例》规定,公安机关负责对互联网上网服务营业场所经营单位的(　　)的监督管理。

A. 信息网络安全　B. 治安　C. 消防　D. 印章

24. 公安机关网监部门负责互联网上网服务营业场所安全审核的主要内容有(　　)。

A. 工商部门出具的名称预先核准通知书

B. 文化部门出具的同意筹建意见书

C. 网吧法定代表人的身份证明、高中以上学历证明、无犯罪记录证明

D. 专职技术人员和安全管理人员的身份证明,计算机专业或相关专业中专以上学历或半年以上正规计算机培训证书,无犯罪记录证明,安全员培训证书

E. 安全保护管理制度样本及购买正版网络病毒防治软件、网吧管理软件发票

F. 固定网络地址证明

G. 房产证明或房屋租赁合同

25. 公安机关网监部门查处网吧一般程序的工作流程是(　　),最后是立卷归档。

A. 制定检查方案　B. 准备好取证设备　C. 现场勘验、检查　D. 询问

E. 扣押证据　F. 听证　G. 报批　H. 送达

I. 复议　J. 裁决　K. 判决　L. 执行

26. 公安机关根据《互联网上网服务营业场所管理条例》的规定,对网吧哪些违规行为应按规定予以警告,可以并处 15 000 元以下罚款。(　　)

A. 向上网消费者提供的计算机未通过局域网的方式接入互联网的

B. 未建立场内巡查制度,或者发现上网消费的违法行为未予以制止并未向公安机关举报的

C. 未按规定核对、登记上网消费者的有效身份证件或者记录有关上网信息的

D. 未按规定时间保存登记内容、记录备份，或者在保存期内修改、删除、登记内容、记录备份的

E. 变更网吧名称、住所、法定代表人或者主要负责人、注册资本、网络地址或者终止经营活动、未向公安机关办理有关手续或者备案的

F. 擅自停止实施安全技术保护措施的

G. 未悬挂《网络文化经营许可证》或者未成年人禁入标志的

27. 公安机关根据《互联网上网服务营业场所管理条例》的规定，对网吧哪些违规行为应按规定予以警告，可以并处15 000元以下罚款。（　　）

A. 在规定的营业时间以外营业的

B. 未建立场内巡查制度，或者发现上网消费的违法行为未予以制止并未向公安机关举报的

C. 未按规定核对、登记上网消费者的有效身份证件或者记录有关上网信息的

D. 未按规定时间保存登记内容、记录备份，或者在保存期内修改、删除、登记内容、记录备份的

E. 接纳未成年人进入营业场所的

F. 擅自停止实施经营管理技术措施的

G. 未悬挂《网络文化经营许可证》或者未成年人禁入标志的

H. 变更网吧名称、住所、法定代表人或者主要负责人、注册资本、网络地址或者终止经营活动、未向公安机关办理有关手续或者备案的

28. 设立互联网上网服务营业场所经营单位，至少要具备（　　）条件。

A. 有与其经营活动相适应的并符合国家规定的消防安全条件的营业场所

B. 有健全、完善的信息网络安全管理制度和安全技术措施

C. 有固定的网络地址和与其经营活动相适应的计算机等装置及附属设备

D. 与其经营活动相适应并取得从业资格的安全管理人员、经营管理人员、专业技术人员

29. 互联网上网服务营业场所经营单位违反《互联网上网服务营业场所管理条例》规定，利用营业场所制作、下载、复制、查阅、发布、传播或者以其他方式使用含有《互联网上网服务营业场所管理条例》规定禁止含有的内容的信息，尚不够刑事处罚的，应该依法接受（　　）处罚。

A. 公安机关给予警告，没收违法所得

B. 违法经营额1万元以上的，并处违法经营额2倍以上5倍以下的罚款

C. 违法经营额不足1万元的，并处1万元以上3万元以下的罚款

D. 违法经营额不足1万元的，并处1万元以上2万元以下的罚款

E. 情节严重的，责令停业整顿，直至吊销《网络文化经营许可证》

30. 互联网上网服务营业场所经营单位擅自停止实施安全技术措施的，应给予（　　）处罚。

A. 由公安机关给予警告，可以并处15 000元以下的罚款

B. 由公安机关给予警告，可以并处20 000元以下的罚款

C. 情节严重的，责令停业整顿，直至吊销公安机关发放的许可证

D. 情节严重的，责令停业整顿，直至由文化行政部门吊销《网络文化经营许可证》

31. 下列(　　)属于公安机关对互联网上网服务营业场所的信息网络安全监察管理职责范围。

A. 监督、检查、指导互联网上网服务营业场所信息网络安全保护

B. 负责对互联网上网服务营业场所信息网络安全的审核工作

C. 负责对互联网上网服务营业场所发生的计算机及网上违法犯罪案件的查处工作

D. 负责对互联网上网服务营业场所各项安全制度的落实和安全技术措施的实施工作

E. 负责对互联网上网服务营业场所的安全管理和专业技术人员的培训工作

F. 履行当地公安机关制定的安全保护工作的其他监督职能

32. 互联网上网服务营业场所经营单位在经营活动中应当遵守的法律义务有(　　)。

A. 不得制作、下载、复制、查阅、发布、传播或者以其他方式使用非法信息

B. 不得从事危害信息网络安全的活动

C. 不得非法接入互联网

D. 不得经营非网络游戏，不得利用网络游戏或其他方式进行赌博或者变相赌博活动

E. 对上网消费者的上网活动进行技术管理

F. 亮证经营和限时经营

G. 不得接纳未成年人进入营业场所

H. 履行信息网络安全、治安安全和消防安全职责

33. 互联网上网服务营业场所安全技术措施主要包括(　　)。

A. 上网用户实名制

B. 防治计算机病毒、防护网络攻击破坏技术措施

C. 网络系统的实体安全措施

D. 有害信息防治、上网信息记录等信息安全管理系统

34. 互联网上网服务营业场所是指通过计算机等装置向公众提供互联网上网服务的(　　)等营业性场所。

A. 高校网络实验室　　B. 网吧

C. 计算机休闲室　　D. 网络教学网站

第6章 信息系统安全等级保护制度

6.1 信息系统安全等级保护概述

6.1.1 信息系统安全等级保护的基本概念

信息系统安全等级保护，是指对国家秘密信息及公民、法人和其他组织的专有信息以及公开信息和存储、传输、处理这些信息的信息系统分等级实行安全保护，对信息系统中使用的信息安全产品实行按等级管理，对信息系统中发生的信息安全事件分等级响应、处置。

对涉及国计民生的基础信息网络和重要信息系统按其重要程度及实际安全需求，合理投入，分级进行保护，分类指导，分阶段实施，保障信息系统安全正常运行和信息安全，提高信息安全综合防护能力，保障国家安全，维护社会秩序和稳定，保障并促进信息化建设健康发展，拉动信息安全和基础信息科学技术发展与产业化，进而牵动经济发展，提高综合国力。

信息安全等级保护是国家信息安全保障的基本制度、基本策略、基本方法，开展信息安全等级保护工作是保护信息化发展、维护国家信息安全的根本保障。实施信息安全等级保护制度，信息系统运营使用单位和主管部门能按照标准进行安全建设、整改，信息系统安全与否也有了一个衡量尺度。

信息安全等级保护是当今发达国家保护关键信息基础设施，保障信息安全的通行做法，也是我国多年来信息安全工作经验的总结。开展信息安全等级保护工作，就是要解决我国信息安全面临的威胁和存在的主要问题，实行国家对重要信息系统进行重点安全保障的重大措施，有效体现“适度安全、保护重点”的目的，将有限的财力、物力、人力投入到重要信息系统安全保护中，按标准建设安全保护措施，建立安全保护制度，落实安全责任，加强监督检查，有效保护重要信息系统安全，有效提高我国信息和信息系统安全建设的整体水平。

建立信息安全等级保护制度，开展信息安全等级保护工作，有利于在信息化建设过程中同步建设信息安全设施，保障信息安全与信息化建设相协调；有利于为信息系统安全建设和管理提供系统性、针对性、可行性的指导和服务；有利于优化信息安全资源的配置，重点保障基础信息网络和关系国家安全、经济命脉、社会稳定等方面的重要信息系统的安全；有利于明确国家、法人和其他组织、公民的信息安全责任，加强信息安全管理；有利于推动信息安全产业的发展，逐步探索出一条适应社会主义市场经济发展的信息安全模式。各地区、各行业、各部门要认真学习、深刻领会中央领导同志的重要指示精神，充分认识当前信息安全保障工作面临形势的严峻性，切实增强责任感、使命感、紧迫感，加强领导，落实责任，分工负责，密切配合，扎实工作，切实把信息安全等级保护工作抓紧、抓实、抓好。

6.1.2 开展信息系统安全等级保护工作的原因

我国信息系统安全和信息网络安全面临的形势仍然十分严峻，维护国家信息系统安全和信息网络安全的任务十分艰巨。如果信息系统安全和信息网络安全出现问题，给社会和人民，甚至是国家会带来巨大的损失，而当前，这种损失已经慢慢凸显出来，所以，解决信息系统安全和信息网络安全的问题迫在眉睫。

(1) 国际敌对势力对我国的网上渗透和颠覆活动长期存在并不断升级，我们将长期面临敌对势力的信息优势、技术优势所带来的信息安全方面的威胁。2012 年 1 月 1 日出版的新年第 1 期《求是》杂志，胡锦涛主席的重要文章《坚定不移走中国特色社会主义文化发展道路，努力建设社会主义文化强国》中指出："国际敌对势力正在加紧对我国实施西化、分化战略图谋，思想文化领域是他们进行长期渗透的重点领域。我们要深刻认识意识形态领域斗争的严重性和复杂性，警钟长鸣、警惕长存，采取有力措施加以防范和应对。"网络的无国界化、传播迅速等特点，使得国际敌对势力更容易实施对我国进行网上渗透和颠覆活动。以达赖喇嘛为首的藏独势力和以热比娅为首的疆独势力等反动势力在国际敌对势力的支持下不断利用互联网宣传反动思想，鼓动分化势力。

(2) 境内外反动势力在国际敌对势力的支持下，对我重要网络和信息系统频繁进行攻击破坏。2002 年 3 月 5 日 19 时许，像往常一样，长春市市民收看中央电视台的新闻节目。19 时 19 分左右，电视信号突然中断，几秒钟后，模模糊糊地出现了宣扬邪教"法轮功"的内容。公安机关很快查明，这是由"法轮功"邪教组织策划、教唆"法轮功"顽固分子精心组织实施的一起破坏有线电视传输网络设施的重大恶性刑事案件。9 月 20 日，长春市中级人民法院对这起破坏广播电视设施，利用邪教组织破坏法律实施案进行一审公开宣判，依法分别判处周某、刘某、梁某等 15 名被告人 20 年至 4 年不等的有期徒刑，如图 6-1～图 6-3 所示。

图 6-1 长春有线电视网络遭"法轮功"分子破坏案一审开庭[①]

① 15 名"法轮功"分子破坏电视设施被判刑. http://www.ycwb.com/gb/content/2002-09/21/content_424803.htm.

图 6-2 “法轮功”顽固分子切断电视信号、播放“法轮功”反动宣传内容的连接播放装置

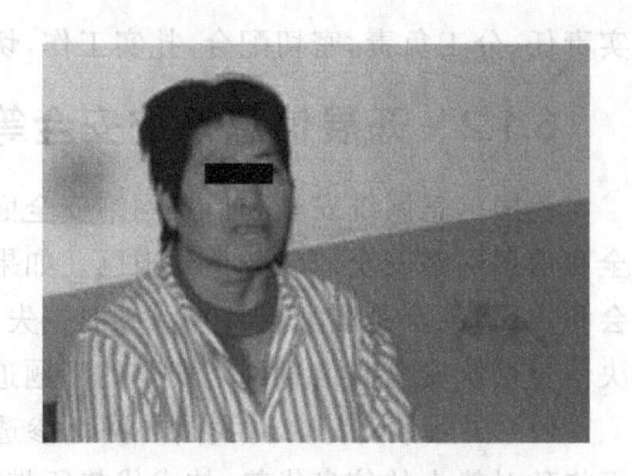

图 6-3 涉案“法轮功”顽固分子周润君

仅 2006 年就发生几十起攻击我卫星广播电视和插播事件。随着我国经济的持续发展和国际地位的不断提高，我国的基础信息网络和重要信息系统正成为敌对势力、敌对分子进行攻击、破坏和恐怖活动的重点目标。

(3) 计算机病毒传播和网络非法入侵十分严重。2010 年计算机病毒感染率为 60%，较 2009 年的 70.51%又有所下降，并且已经连续三年呈现下降趋势，如图 6-4 所示。在受感染的用户中，其中三次以上病毒感染率为 30.9%，也连续两年呈现下降趋势，如图 6-5 所示。病毒感染率和三次以上病毒感染率的下降，一方面是由于近年来不断加大防病毒宣传和技术措施，有效遏制了病毒的传播；另一方面，病毒传播破坏的方式也在发生变化，针对网银、网购等用户的定向攻击趋势日益显著，病毒感染的绝对数量减少了，但是针对特定目标的感染率可能会反而提高。[①]

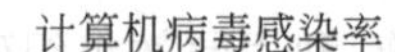

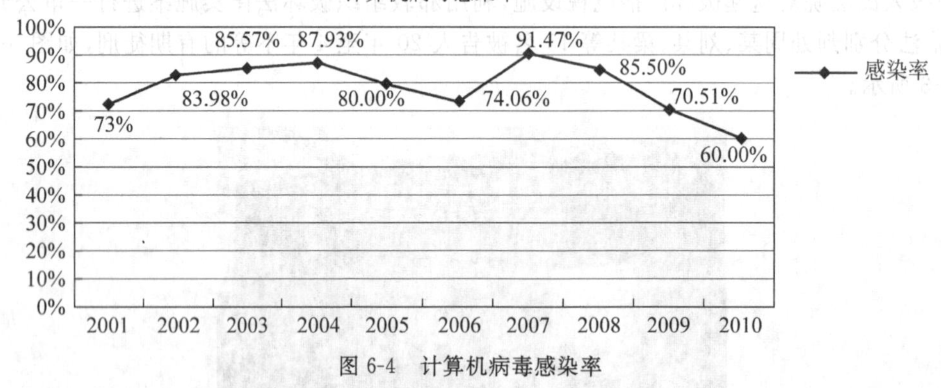

图 6-4 计算机病毒感染率

密码账号被盗、受到远程控制、系统(网络)无法使用、浏览器配置被修改是计算机病毒造成的主要破坏后果。2010 年调查结果显示，用户密码、账号被盗的比例仍然呈上升趋势，在 2010 年中，有 33.74% 的被调查用户存在密码账号被盗的情况，比 2009 年增长了 6.6 个百分点，并且依然位居 2010 年计算机病毒造成的主要危害的首位。进一步表明制造、传播

① 张健，舒心，刘威，杜振华. 2010 年我国计算机和移动终端病毒疫情调查技术分析报告. 第 26 次全国计算机安全学术交流会论文集，2011 年第 09 期。

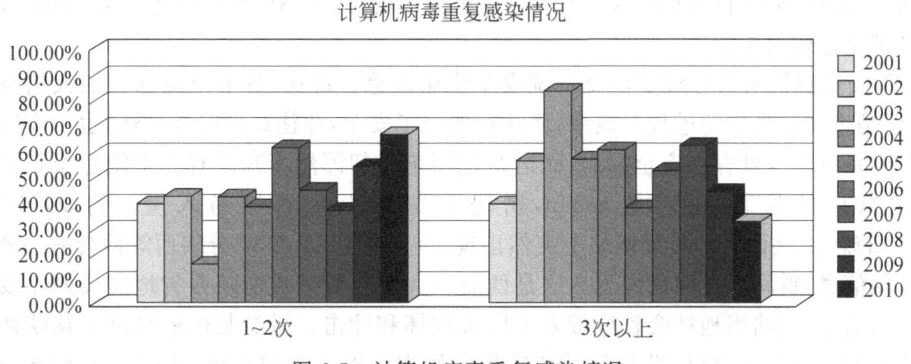

图6-5　计算机病毒重复感染情况

病毒趋利性不断加强，结合定向攻击和网络欺诈手段，网络盗窃等违法犯罪活动的危害性将进一步增强。

2007年年初在我国发生的“熊猫烧香”病毒案，短时间内就出现病毒变种七百余个，感染了445万台计算机，大批网民的网上账号、口令被窃取。

(4) 网络违法犯罪持续大幅上升。网络违法犯罪早已形成产业链，收益巨大，分工细致，隐蔽性极强。犯罪分子利用一些重要信息系统的安全漏洞，使用黑客病毒技术、网络钓鱼技术、木马间谍程序等新技术进行网络盗窃、网络诈骗、网络赌博等违法犯罪，给用户造成严重损失，引发诸多社会问题，并且犯罪手法不断翻新，新型网络犯罪不断出现。

为了加大打击网络违法犯罪行为，2009年2月28日出台的《刑法修正案(七)》对刑法典第285条增加规定了两款，作为该条的第2款、第3款。第2款是“非法获取计算机信息系统数据罪”和“非法控制计算机信息系统罪”；第3款是“提供用于侵入、非法控制计算机信息系统的程序、工具罪”。

(5) 网上失、窃密情况严重。一些国家和地区间谍情报机关利用我国一些单位、人员和信息系统防范不严、警惕性不高、安全措施不力的状况在网上大肆对我国进行窃密活动，目标直指我党政军要害部门和重要信息系统。近年来，已发生多起危害严重的网上失、窃密案件。

2010年12月21日，中国最大开发者社区CSDN网站的数据库遭黑客入侵，600万用户注册邮箱和密码被泄漏。CSDN董事长蒋涛坦承包括CSDN在内的诸多大型网站都存在安全意识薄弱的问题。有80%的网站存在漏洞，60%的安全类网站也存在漏洞，70%的密码库可以被破解。之后，人人网、天涯社区、百合网等众多知名网站数千万网友个人信息相继被泄漏。国内网站纷纷“沦陷”，大有“裸奔”之势。

(6) 网络安全管理不善，安全措施不到位，信息系统运行事故时有发生。金融、民航等重要信息系统连续发生运行事故，不仅直接影响生产业务的正常运行，而且造成了严重社会影响。

(7) 关键技术、产品受制于人所以造成基础信息网络和重要信息系统安全隐患严重。由于各基础信息网络和重要信息系统的核心设备、技术和高端服务主要依赖国外进口，在操作系统、专用芯片和大型应用软件等方面不能自主可控，给我国的信息安全带来了深层的技术隐患。例如，世界最大两个CPU制造商是英特尔和AMD。英特尔公司是全球最大的半导体芯片制造商，总部位于美国加利福尼亚州。AMD成立于1969年，总部位于美国加利福尼亚州。我们所使用的重要的软件大多数也是美国的，例如 XP 操作系统，Word，Excel 等应用软件都是微软公司的。

(8) 安全意识落后导致了信息系统安全隐患加重。现在，各个单位都在加大信息化的建设，但是重视信息化的进程与效果，而往往忽视了安全，往往缺少安全策略，也没有安全投入。有的系统本身就存在安全漏洞，而运行使用单位却浑然不知。有的系统登录账户和密码都是默认的状态，账户是 admin，密码是 123456，黑客极易入侵。例如，2008 年 5 月 29 日晚上，陕西省地震局网站上突然出现"今天晚上 23 点 30 分陕西等地会有强烈地震发生！"的信息，瞬间引发网民惶恐。这是西安一大学生贾某攻击陕西省地震局网站发布的一条虚假信息，它给当地社会秩序带来了巨大破坏和冲击。后贾某辩解自己是从陕西省地震局网站的用户登录窗口，没有经过特殊程序便进入网站内部系统，该网站本身有防范漏洞，自己不算黑客。贾某如图 6-6 所示。

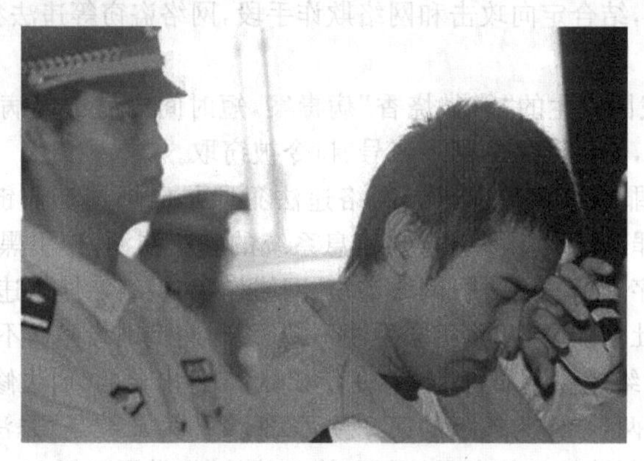

图 6-6　贾某被押出法庭

6.1.3　开展信息系统安全等级保护工作的法律依据

自 1994 年国务院颁布施行的《中华人民共和国计算机信息系统安全保护条例》(国务院 147 号令)中首次提到"计算机信息系统实行安全等级保护"后，我国陆续颁布出台有关信息安全等级保护的法律法规和文件，不断完善丰富开展信息安全等级保护工作的法律依据，如图 6-7 所示。

(1) 1994 年 2 月 18 日《中华人民共和国计算机信息系统安全保护条例》(国务院 147 号令)第九条规定，"计算机信息系统实行安全等级保护，安全等级的划分标准和安全等级保护的具体办法，由公安部会同有关部门制定"。该条明确了三个内容：一是确立了等级保护是计算机信息系统安全保护的一项制度；二是出台配套的规章和技术标准；三是明确了公安部的牵头地位。

(2) 1995 年 2 月 28 日人大 12 次会议通过并实施的《中华人民共和国警察法》第二章第六条第十二款规定，公安机关人民警察依法履行"监督管理计算机信息系统的安全保护工作"。

(3) 2003 年 2003 年 9 月 7 日，《国家信息化领导小组关于加强信息安全保障工作的意见》(中办发[2003]27 号)明确指出"实行信息安全等级保护"。"要重点保护基础信息网络和关系国家安全、经济命脉、社会稳定等方面的重要信息系统，抓紧建立信息安全等

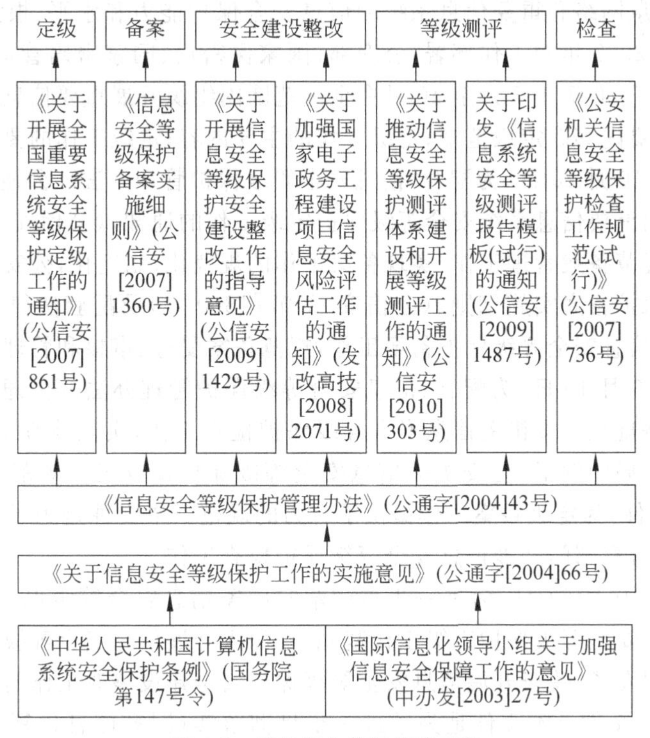

图 6-7 信息安全等级保护工作

级保护制度,制定信息安全等级保护的管理办法和技术指南”。标志着等级保护从计算机信息系统安全保护的一项制度提升到国家信息安全保障一项基本制度。同时中央 27 号文明确了各级党委和政府在信息安全保障工作中的领导地位,以及“谁主管谁负责,谁运营谁负责”的信息安全保障责任制。

(4) 2004 年 9 月 10 日,公安部、国家保密局、国家密码管理委员会和国家信息办联合出台《关于信息安全等级保护工作的实施意见》(公通字 2004 第 66 号),明确了信息安全等级保护制度的原则,信息安全等级保护制度的基本内容,信息安全等级保护工作职责分工,实施信息安全等级保护工作的要求,信息安全等级保护工作实施计划,标志着信息安全等级保护要在我国开始实施。

(5) 2007 年 6 月 22 日公安部会同国家保密局、国家密码管理局和国务院信息办联合印发的《信息安全等级保护管理办法》(公通字[2007]43 号),主要内容有总则,等级划分与保护,等级保护的实施与管理,涉及国家秘密信息系统的分级保护管理。明确了信息安全等级保护制度的基本内容、流程及工作要求,进一步明确了信息系统运营使用单位和主管部门、监管部门在信息安全等级保护工作中的职责、任务,为开展信息安全等级保护工作提供了规范保障。

(6) 2007 年 7 月 16 日公安部、国家保密局、国家密码管理局、国务院信息化工作办公室联合下发的《关于开展全国重要信息系统安全等级保护定级工作的通知》(公信安[2007]861 号)。为进一步贯彻落实《国家信息化领导小组关于加强信息安全保障工作的意见》和《关于信息安全等级保护工作的实施意见》、《信息安全等级保护管理办法》精神,提高我国基础信息网络和重要信息系统的信息安全保护能力和水平，根据国家网络与信息安全协调小组2007年的工作部署，公安部、国家保密局、国家密码管理局、国务院信息化工作办公室定于2007年7月至10月在全国范围内组织开展重要信息系统安全等级保护定级工作。主要内容有定级范围；定级工作的主要内容；定级工作的要求。

(7) 2007年10月26日，为配合《信息安全等级保护管理办法》(公通字[2007]43号)和《关于开展全国重要信息系统安全等级保护定级工作的通知》(公信安[2007]861号)的贯彻实施，严格规范备案管理工作，实现备案工作的规范化、制度化，公安部十一局印发了《信息安全等级保护备案实施细则》(公信安[2007]1360号)及配套法律文书。本文件是为了加强和指导信息安全等级保护备案工作，规范备案受理、审核和管理等工作。

(8) 2008年6月10日，为配合《信息安全等级保护管理办法》(公通字[2007]43号)的贯彻实施，严格规范公安机关信息安全等级保护检查工作，实现检查工作的规范化、制度化，公安部十一局印发了《公安机关信息安全等级保护检查工作规范(试行)》(公信安[2007]736号)文件，为定级备案工作提供了有力的规范。本文件是为了规范公安机关公共信息网络安全监察部门开展信息安全等级保护检查工作。

(9) 2009年10月27日，为进一步贯彻落实国家信息安全等级保护制度，指导各地区、各部门在信息安全等级保护定级工作基础上，深入开展信息安全等级保护安全建设整改工作，公安部印发了《关于开展信息安全等级保护安全建设整改工作的指导意见》(公信安[2009]1429号)文件。本文件是为了进一步贯彻落实《国家信息化领导小组关于加强信息安全保障工作的意见》和《关于信息安全等级保护工作的实施意见》、《信息安全等级保护管理办法》精神，指导各部门在信息安全等级保护定级工作基础上，开展已定级信息系统(不包括涉及国家秘密信息系统)安全建设整改工作。

(10) 2009年11月6日，为进一步贯彻落实《信息安全等级保护管理办法》(公通字[2007]43号)和《关于加强国家电子政务工程建设项目信息安全风险评估工作的通知》(发改高技[2008]2071号)文件精神，规范等级测评活动并按照统一的格式编制测评报告，公安部十一局印发了《关于印发《信息系统安全等级测评报告模版(试行)的通知》(公信安[2009]1487号)。本报告模板包括测评项目概述，被测信息系统情况，等级测评范围与方法，单元测评，整体测评，测评结果汇总，风险分析和评价，等级测评结论，安全建设整改建议9个部分。

(11) 2010年3月20日，为进一步贯彻落实公安部《关于开展信息安全等级保护安全建设整改工作的指导意见》(公信安[2009]1429号)精神，加快信息安全等级保护测评体系建设，提高测评机构能力，规范测评活动，确保信息安全等级保护安全建设整改工作顺利进行，满足信息安全等级保护工作的迫切需要，公安部十一局决定在全国部署开展信息安全等级保护测评体系建设和等级测评工作并引发了《关于推动信息安全等级保护测评体系建设和开展等级测评工作的通知》(公信安[2010]303号)文件。文件指出工作目标如下：

① 通过广泛宣传和正确引导，鼓励更多的有关企事业单位从事信息安全等级保护测评工作，满足信息安全等级保护测评工作的迫切需要。

② 通过对测评机构进行统一的能力评估和严格审核，保证测评机构的水平和能力达

到有关标准规范要求。

③ 加强对测评机构的安全监督，规范其测评活动，保证为备案单位提供客观、公正和安全的测评服务。

④ 督促备案单位开展等级测评工作，为开展等级保护安全建设整改工作奠定基础，使信息系统安全保护状况逐步达到等级保护要求。

(12) 2008 年 8 月 6 日，为了贯彻落实《国家信息化领导小组关于加强信息安全保障工作的意见》(中办发[2003]27 号)，加强基础信息网络和重要信息系统安全保障，按照《国家电子政务工程建设项目管理暂行办法》(国家发展和改革委员会令[2007]第 55 号)的有关规定，国家发展改革委公安部国家保密局联合下发了《关于加强国家电子政务工程建设项目信息安全风险评估工作的通知》(发改高技[2008]2071 号)文件。本文件是为了加强和规范国家电子政务工程建设项目信息安全风险评估工作。

6.1.4　开展信息系统安全等级保护工作的相关国家标准

法律规范和技术标准是贯彻落实信息安全等级保护制度的法律依据和技术保障。公安部、国家保密局、国家密码管理局、国务院信息化工作办公室联合印发的《关于信息安全等级保护工作的实施意见》(公通字[2004]66 号)中指出，信息安全等级保护的核心是对信息安全分等级、按标准进行建设、管理和监督。目前，国家已经出台了与等级保护有关的技术标准五十多个，信息安全等级保护标准体系基本形成。下面介绍几个比较重要的国家标准。

1.《计算机信息系统安全等级保护划分准则》(GB 17859—1999)

1999 年 9 月 13 日发布，2001 年 1 月 1 日实施。

1) 主要用途

本标准对计算机信息系统的安全保护能力划分了 5 个等级，并明确了各个保护级别的技术保护措施要求。本标准是国家强制性技术规范，其主要用途包括：一是用于规范和指导计算机信息系统安全保护有关标准的制定；二是为安全产品的研究开发提供技术支持；三是为计算机信息系统安全法规的制定和执法部门的监督检查提供依据。

2) 主要内容

本标准界定了计算机信息系统的基本概念：计算机信息系统是由计算机及其相关的和配套的设备、设施(含网络)构成的、按照一定的应用目标和规则对信息进行采集、加工、存储、传输、检索等处理的人机系统。

信息系统按照安全保护能力划分为 5 个等级：第一级用户自主保护级，第二级系统审计保护级，第三级安全标记保护级，第四级结构化保护级，第五级访问验证保护级。

从自主访问控制、强制访问控制、标记、身份鉴别、客体重用、审计、数据完整性、隐蔽信道分析、可信路径、可信恢复等 10 个方面，采取逐级增强的方式提出了计算机信息系统的安全保护技术要求。

3) 使用说明

本标准是等级保护的基础性标准，其提出的某些安全保护技术要求受限于当前技术水平尚难以实现，但其构造的安全保护体系应随着科学技术的发展逐步落实。本标准规定了计算机信息系统安全保护能力的5个等级：第一级用户自主保护级；第二级系统审计保护级；第三级安全标记保护级；第四级结构化保护级；第五级访问验证保护级。本标准适用于计算机信息系统安全保护技术能力等级的划分。计算机信息系统安全保护能力随着安全保护等级的增高，逐渐增强。

2.《信息安全技术信息系统安全等级保护基本要求》(GB/T 22239—2008)

在有关信息系统等级保护的国家标准中，《信息系统安全等级保护基本要求》是重要的基础性标准之一。为更好地帮助各单位、各部门依据《基本要求》开展安全技术和管理建设等相关工作，现就其主要内容进行解释说明。

1）主要用途

根据《信息安全等级保护管理办法》的规定，信息系统按照重要性和被破坏后对国家安全、社会秩序、公共利益的危害性分为5个安全保护等级。不同安全保护等级的信息系统有着不同的安全需求，为此，针对不同等级的信息系统提出了相应的基本安全保护要求，各个级别信息系统的安全保护要求构成了《信息系统安全等级保护基本要求》(以下简称《基本要求》)。《基本要求》以《计算机信息系统安全保护等级划分准则》(GB 17859—1999)为基础研究制定，提出了各级信息系统应当具备的安全保护能力，并从技术和管理两方面提出了相应的措施，为信息系统建设单位和运营使用单位在系统安全建设中提供参照。

2）主要内容

(1) 总体框架

《基本要求》分为基本技术要求和基本管理要求两大类，其中技术要求又分为物理安全、网络安全、主机安全、应用安全、数据安全及其备份恢复5个方面，管理要求又分为安全管理制度、安全管理机构、人员安全管理、系统建设管理和系统运行维护管理5个方面。

技术要求主要包括身份鉴别、自主访问控制、强制访问控制、安全审计、完整性和保密性保护、边界防护、恶意代码防范、密码技术应用等，以及物理环境和设施安全保护要求。

管理要求主要包括确定安全策略，落实信息安全责任制，建立安全组织机构，加强人员管理、系统建设和运行维护的安全管理。提出了机房安全管理、网络安全管理、系统运行维护管理、系统安全风险管理、资产和设备管理、数据及信息安全管理、用户管理、安全监测、备份与恢复管理、应急处置管理、密码管理、安全审计管理等基本安全管理制度要求，提出了建立岗位和人员管理制度、安全教育培训制度、安全建设整改的监理制度、自行检查制度等要求。

(2) 保护要求的分级方法

由于信息系统分为5个安全保护等级，其安全保护能力逐级增高，相应的安全保护要求和措施逐级增强，体现在两个方面：一是随着信息系统安全级别提高，安全要求的项数增加；二是随着信息系统安全级别的提高，同一项安全要求的强度有所增加。例如，三级信息系统基本要求是在二级基本要求的基础上，在技术方面增加了网络恶意代码防范、剩余信息保护、抗抵赖等三项要求。同时，对身份鉴别、访问控制、安全审计、数据完整性及保密性方面的要求在强度上有所增加；在管理方面增加了监控管理和安全管理中心等两项要求，同时对安全管理制度评审、人员安全和系统建设过程管理提出了进一步要求。安全要求的项数和强度的不同，综合体现出不同等级信息系统安全要求的级差。

(3) 保护措施分类

技术类安全要求与信息系统提供的技术安全机制有关，主要通过在信息系统中部署软硬件并正确配置其安全功能来实现。根据保护侧重点的不同，技术类安全要求进一步细分为信息安全类要求（简记为S)、服务保证类要求（简记为A)和通用安全保护类要求（简记为G)。信息安全类要求是指保护数据在存储、传输、处理过程中不被泄漏、破坏和免受未授权的修改；服务保证类要求是指保护系统连续正常地运行，免受对系统的未授权修改、破坏而导致系统不可用。管理类安全要求与信息系统中各种角色参与的活动有关，主要通过控制各种角色的活动，从政策、制度、规范、流程以及记录等方面作出规定来实现。

3) 使用说明

《基本要求》对第一级信息系统的基本要求仅供用户参考，按照自主保护的原则采取必要的安全技术和管理措施。

用户在进行信息系统安全建设整改时，可以在《基本要求》基础上，根据行业和系统实际，提出特殊安全要求，开展安全建设整改。

《基本要求》给出了各级信息系统每一保护方面需达到的要求，不是具体的安全建设整改方案或作业指导书，所以，实现基本要求的措施或方式并不局限于《基本要求》给出的内容，要结合系统自身的特点综合考虑采取的措施来达到基本要求提出的保护能力。

《基本要求》中不包含安全设计和工程实施等内容，因此，在系统安全建设整改中，可以参照《信息系统安全等级保护实施指南》、《信息系统等级保护安全设计技术要求》和《信息系统安全工程管理要求》进行。《基本要求》是信息系统安全建设整改的目标，《信息系统等级保护安全设计技术要求》是实现该目标的方法和途径之一。

《基本要求》综合了《信息系统物理安全技术要求》、《信息系统通用安全技术要求》和《信息系统安全管理要求》的有关内容，在进行系统安全建设整改方案设计时可进一步参考后三个标准。

由于系统定级时是根据业务信息安全等级和系统服务安全等级确定的系统安全等级，因此，在进行系统安全建设时，应根据业务信息安全等级和系统服务安全等级确定《基本要求》中相应的安全保护要求，而通用安全保护要求要与系统等级对应。

信息系统运营使用单位在根据《基本要求》进行安全建设整改方案设计时，要按照整体安全的原则，综合考虑安全保护措施，建立并完善系统安全保障体系，提高系统的整体安全防护能力。

对于《基本要求》中提出的基本安全要求无法实现或有更加有效的安全措施可以替代的，可以对基本安全要求进行调整，调整的原则是保证不降低整体安全保护能力。

3.《信息安全技术信息系统安全等级保护实施指南》(信安字[2007]10号)

1) 主要用途

《信息安全等级保护管理办法》（公通字[2007]43号）第九条规定，信息系统运营、使用单位应当按照《信息系统安全等级保护实施指南》具体实施等级保护工作。信息系统从规划设计到终止运行要经历几个阶段,《信息系统安全等级保护实施指南》(以下简称《实施指南》)用于指导信息系统运营使用单位,在信息系统从规划设计到终止运行的过程中如何按照信息安全等级保护政策、标准要求实施等级保护工作。

2) 主要内容

(1) 总体框架

《实施指南》正文由9个章节构成:第一、二和三章定义了标准范围、规范性引用文件和术语定义。第四章介绍了等级保护实施的基本原则、参与角色和几个主要工作阶段。第五章至第九章对于信息系统定级、总体安全规划、安全设计与实施、安全运行与维护和信息系统终止5个工作阶段进行了详细描述和说明。本标准以信息系统安全等级保护建设为主要线索,定义信息系统等级保护实施的主要阶段和过程,包括信息系统定级、总体安全规划、安全设计与实施、安全运行与维护、信息系统终止等5个阶段,对于每一个阶段,介绍了主要的工作过程和相关活动的目标、参与角色、输入条件、活动内容、输出结果等。

(2) 实施等级保护基本流程

对信息系统实施等级保护的基本流程见图6-8。

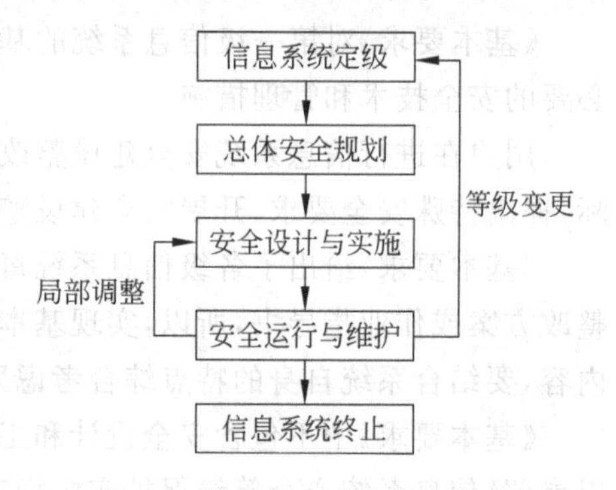

图6-8 信息系统安全等级保护实施的基本流程

信息系统定级阶段内容。用于指导信息系统运营使用单位按照国家有关管理规范和《信息系统安全等级保护定级指南》,确定信息系统的安全保护等级。

总体安全规划阶段内容。用于指导信息系统运营使用单位根据信息系统定级情况,在分析信息系统安全需求的基础上,设计出科学、合理的信息系统总体安全方案,并确定安全建设项目规划,以指导后续的信息系统安全建设工程实施。

安全设计与实施阶段内容。用于指导信息系统运营使用单位按照信息系统安全总体方案的要求,结合信息系统安全建设项目计划,进行安全方案详细设计,实施安全建设工程,落实安全保护技术措施和安全管理措施。

安全运行与维护阶段内容。用于指导信息系统运营使用单位通过实施操作管理和控制、变更管理和控制、安全状态监控、安全事件处置和应急预案、安全评估和持续改进、等级测评以及监督检查等活动,进行系统运行的动态管理。

信息系统终止阶段内容。用于指导信息系统运营使用单位在信息系统被转移、终止或废弃时,正确处理系统内的重要信息,确保信息资产的安全。

另外,在安全运行与维护阶段,信息系统因需求变化等原因导致局部调整,而系统的安全保护等级并未改变,应从安全运行与维护阶段进入安全设计与实施阶段,重新设计、调整和实施安全保护措施,确保满足等级保护的要求;当信息系统发生重大变更导致系统安全保护等级变化时,应从安全运行与维护阶段进入信息系统定级阶段,开始新一轮信息安全等级保护的实施过程。

3）使用说明

本标准属于指南性标准，可通过该标准了解信息系统实施等级保护的过程、主要内容和脉络，不同角色在不同阶段的作用，不同活动的参与角色、活动内容等。

在实施等级保护的过程中除了参考本标准外，在不同阶段和环节中还需要参考和依据其他相关标准。例如，在定级环节可参考《信息系统安全等级保护定级指南》，在系统建设环节可参考《计算机信息系统安全保护等级划分准则》、《信息系统安全等级保护基本要求》、《信息系统通用安全技术要求》、《信息系统等级保护安全设计技术要求》等，在等级测评环节可参照《信息系统安全等级保护测评要求》、《信息系统安全等级保护测评过程指南》等。

4.《信息安全技术信息系统安全等级保护定级指南》(GB/T 22240—2008)

2008 年 6 月 19 日发布，2008 年 11 月 1 日实施。

1）主要用途

《信息安全等级保护管理办法》对信息系统的安全保护等级给出了明确定义。信息系统定级是等级保护工作的首要环节，是开展信息系统安全建设整改、等级测评、监督检查等后续工作的重要基础。《信息系统安全等级保护定级指南》（以下简称《定级指南》）依据《管理办法》，从信息系统对国家安全、经济建设、社会生活的重要作用，信息系统承载业务的重要性以及业务对信息系统的依赖程度等方面，提出确定信息系统安全保护等级的方法。

2）主要内容

《定级指南》包括定级原理、定级方法以及等级变更等内容。

（1）定级原理

给出了信息系统 5 个安全保护等级的具体定义，将信息系统受到破坏时所侵害的客体和对客体造成侵害的程度等两方面因素作为信息系统的定级要素，并给出了定级要素与信息系统安全保护等级的对应关系。

（2）定级方法

信息系统安全包括业务信息安全和系统服务安全，与之相关的受侵害客体和对客体的侵害程度可能不同，因此，信息系统定级可以分别确定业务信息安全保护等级和系统服务安全保护等级，并取二者中的较高者为信息系统的安全保护等级。具体定级方法见图 6-9。

（3）等级变更

信息系统的安全保护等级会随着信息系统所处理信息或业务状态的变化而变化，当信息系统发生变化时应重新定级并备案。

3）使用说明

应根据《关于开展全国重要信息系统安全等级保护定级工作的通知》（公信安[2007]861 号）要求，参照《定级指南》开展定级工作。

（1）定级工作流程

可以参照以下步骤进行：①摸底调查，掌握信息系统底数；②确定定级对象；③初步确定信息系统等级；④专家评审；⑤上级主管部门审批；⑥到公安机关备案。

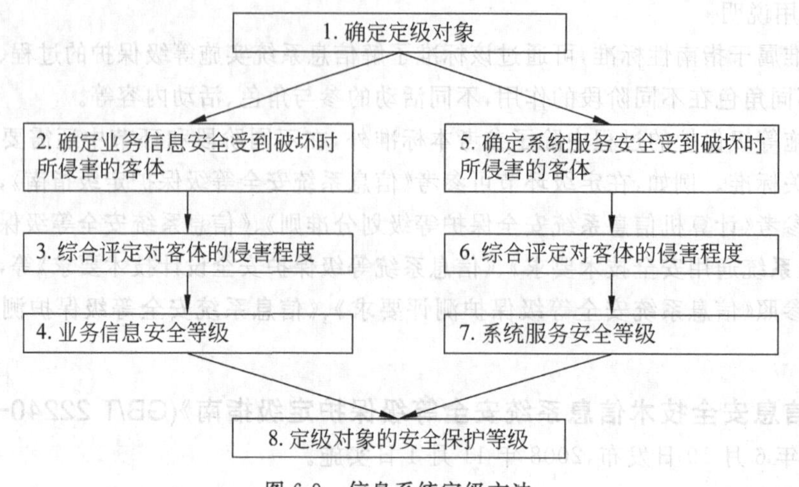

图 6-9　信息系统定级方法

(2) 定级范围

新建信息系统和已经投入运行的信息系统(包括网络)都要定级。新建信息系统应在规划设计阶段定级,同步建设安全设施、落实安全保护措施。

(3) 等级确定

第一、二级信息系统为一般信息系统,第三、四、五级信息系统为重要信息系统。重要信息系统是国家和各部门保护的重点,国家在项目、经费、科研等方面将给予重点支持。信息系统的安全保护等级是信息系统的客观属性,在定级时,应站在维护国家信息安全的高度,综合考虑信息系统遭到破坏后对社会稳定的影响,确定信息系统安全保护等级。具体可参考《信息安全等级保护工作简报》第 22 期。

(4) 定级工作指导

行业主管部门可以根据《定级指南》,结合行业特点和信息系统实际情况,出台定级指导意见,保证同行业信息系统在不同地区等级的一致性,指导本行业信息系统定级工作的开展。

5.《信息系统安全等级保护测评要求》

1) 主要用途

根据《信息安全等级保护管理办法》的规定,信息系统建设完成后,运营使用单位或者其主管部门应当选择符合规定条件的测评机构,依据《信息系统安全等级保护测评要求》等技术标准,定期对信息系统安全等级状况开展等级测评。《信息系统安全等级保护测评要求》(以下简称《测评要求》)依据《信息系统安全等级保护基本要求》规定了对信息系统安全等级保护进行安全测试评估的内容和方法,用于规范和指导测评人员的等级测评活动。

2) 主要内容

(1) 总体框架

本标准第 4 章介绍了等级测评的原则、测评内容、测评强度、结果重用和使用方法。

第5章至第9章分别规定了对5个等级信息系统进行等级测评的单元测评要求。第10章描述了整体测评的4个方面，即安全控制间安全测评、层面间安全测评、区域间安全测评和系统结构测评安全测评。第11章描述了等级测评结论的产生方法。

(2) 测评方法和测评强度

本标准中的测评方法主要包括访谈、检查和测试等三种方法。测评机构对不同等级的信息系统需要实施相应强度的测试评估。测评强度反映在三种测评方法的广度和深度上。

(3) 单元测评

单元测评是针对《基本要求》内容进行的逐项测评，包括物理安全、网络安全、主机系统安全、应用安全和数据安全及备份恢复等5个安全技术层面以及安全管理机构、安全管理制度、人员安全管理、系统建设管理和系统运维管理等5个安全管理方面的内容。单元测评从测评指标、测评实施和结果判定等三方面进行描述。

(4) 整体测评

整体测评是在单元测评的基础上进行的进一步测评分析，在内容上主要包括安全控制间、层面间和区域间相互作用的安全测评以及系统结构的安全测评等。

3) 使用说明

《测评要求》针对等级测评提出了单元测评要求和整体测评要求，但未涉及工作过程、任务以及工作产品等内容，相关内容请参考《信息系统安全等级保护测评过程指南》。

测评人员在确定测评内容时，应依据被测信息系统的安全保护等级选择《测评要求》中对应的单元测评内容，并在相关测评结果基础上实施整体测评。

测评结论的产生不能仅依据单项测评结果，而是应该在整体测评基础上，结合被测系统的实际情况，综合评判信息系统是否具备对应等级的安全保护能力。

6.《信息系统安全等级保护测评过程指南》(报批稿)

1) 主要用途

根据《信息安全等级保护管理办法》的规定，信息系统建设完成后，运营、使用单位或者其主管部门应当选择符合规定条件的测评机构，依据《信息系统安全等级保护测评要求》等技术标准，定期对信息系统安全等级状况开展等级测评。为规范等级测评机构的测评活动，保证测评结论准确、公正，《信息系统安全等级保护测评过程指南》(以下简称《测评过程指南》)明确了信息系统等级测评的测评过程，阐述了等级测评的工作任务、分析方法以及工作结果等，为信息系统测评机构、运营使用单位及其主管部门在等级测评工作中提供指导。

2) 主要内容

(1) 总体框架

《测评过程指南》以测评机构对三级信息系统的首次等级测评活动过程为主要线索，定义信息系统等级测评的主要活动和任务，包括测评准备活动、方案编制活动、现场测评活动、分析与报告编制活动等4个活动。其中测评准备活动包括项目启动、信息收集和分析、工具和表单准备三项任务；方案编制活动包括测评对象确定、测评指标确定、测试工具接入点确定、测评内容确定、测评实施手册开发及测评方案编制 6 项任务；现场测评活动包括现场测评准备、现场测评和结果记录、结果确认和资料归还三项任务；分析与报告编制活动包括单项测评结果判定、单元测评结果判定、整体测评、风险分析、等级测评结论形成及测评报告编制 6 项任务。对于每一个活动，介绍了工作流程、主要的工作任务、输出文档、双方的职责等。对于各工作任务，描述了任务内容和输入/输出产品等。

(2) 等级测评工作流程

等级测评过程分为 4 个基本测评活动：测评准备活动、方案编制活动、现场测评活动、分析及报告编制活动。而测评双方之间的沟通与洽谈应贯穿整个等级测评过程。

测评准备活动。测评准备活动是开展等级测评工作的前提和基础，是整个等级测评过程有效性的保证。其主要任务是掌握被测系统的详细情况，为实施测评做好文档及测试工具等方面的准备。测评准备活动的基本工作流程及任务主要包括等级测评项目启动、信息收集和分析、工具和表单准备。

方案编制活动。方案编制活动是开展等级测评工作的关键活动，为现场测评提供最基本的文档和指导方案。其主要任务是开发与被测信息系统相适应的测评内容、测评实施手册等，形成测评方案。方案编制活动的基本工作流程及任务见图 6-10。

现场测评活动。现场测评活动是开展等级测评工作的核心活动。其主要任务是按照测评方案的总体要求，严格执行测评实施手册，分步实施所有测评项目，包括单项测评和系统整体测评两个方面，以了解系统的真实保护情况，获取足够证据，发现系统存在的安全问题。现场测评活动的基本工作流程及任务主要包括现场测评准备、现场测评和结果记录、结果确认和资料归还。

分析与报告编制活动。分析与报告编制活动是给出等级测评工作结果的活动，是总结被测系统整体安全保护能力的综合评价活动。其主要任务是根据现场测评结果和《信息系统安全等级保护测评要求》(以下简称《测评要求》)，通过单项测评结果判定和系统整体测评分析等方法，分析整个系统的安全保护现状与相应等级的保护要求之间的差距，综合评价被测信息系统保护状况，按照公安部制订的信息系统安全等级测评报告格式形成测评报告。分析与报告编制活动的基本工作流程及任务见图 6-11。

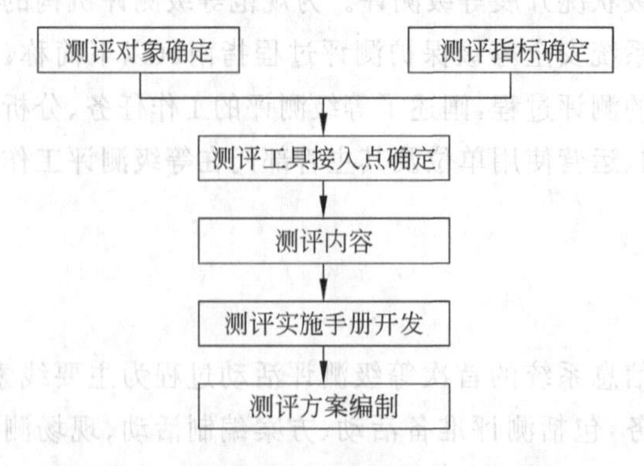

图 6-10　方案编制活动的基本工作流程及任务

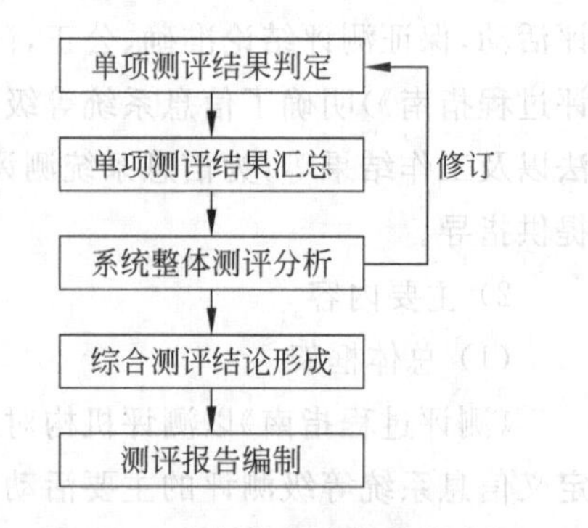

图 6-11　分析与报告编制活动的基本工作流程及任务

3）使用说明

《测评过程指南》给出了等级测评的基本工作过程、任务以及工作产品，不涉及等级测评中工作任务的具体执行方法和分析方法，所以用户需要参考和依据《测评要求》或其他相关标准自行开发测评方法和作业指导书。

《测评过程指南》针对已定级的信息系统给出等级测评工作过程，而且工作流程及任务是针对第三级信息系统的首次测评活动过程而言的，对于其他信息系统或再次实施等级测评的工作过程与该过程的差异及关系，应参考标准中的调整原则予以调整。

6.2 信息安全等级保护工作职责分工

《信息安全等级保护管理办法》第二条明确了国家的责任：国家通过制定统一的信息安全等级保护管理规范和技术标准，组织公民、法人和其他组织对信息系统分等级实行安全保护，对等级保护工作的实施进行监督、管理。

信息安全监管部门包括公安机关、保密部门、国家密码工作部门。信息安全监管部门代表国家制定等级保护管理规范和技术标准，组织公民、法人和其他组织对信息系统分等级实行安全保护，对等级保护工作的实施进行监督、管理。

在信息安全等级保护工作中，坚持“分工负责、密切配合”的原则。公安机关牵头，负责全面工作的监督、检查、指导，国家保密工作部门、国家密码管理部门配合，国务院信息化工作办公室及地方信息化领导小组办事机构协调。

公安机关是等级保护工作的牵头部门，承担着信息安全等级保护工作的监督、检查、指导。非涉及国家秘密信息系统的等级保护监督管理工作由公安机关负责，其他部门参与、配合。因为非涉及国家秘密信息系统中也会发生保密问题和密码问题。

国家保密工作部门负责等级保护工作中有关保密工作的监督、检查、指导。国家密码管理部门负责等级保护工作中有关密码工作的监督、检查、指导。涉及国家秘密信息系统的等级保护监督管理工作主要由国家保密工作部门负责，其他部门参与、配合。因为涉及国家秘密信息系统中也会发生信息安全问题和密码问题。

在开展信息安全等级保护工作时，公安机关、国家保密工作部门应该一方为主负责某一领域工作，其他相关部门参与、配合。需要强调的是，涉及工作秘密的信息系统不属于涉密信息系统，不能将涉密信息系统扩大化。当信息系统难以认定是否属于涉密信息系统时，可以由信息系统运营使用单位、公安机关、国家保密工作部门共同认定。

国务院信息化工作办公室及地方信息化领导小组办事机构负责信息安全等级保护工作中部门间的协调。在开展信息系统等级保护工作时，有时需要多个部门同时参与，为了避免工作中出现交叉或者冲突的情况，需要国务院信息化工作办公室及地方信息化领导小组办事机构出面进行协调，以保证信息系统等级保护工作顺利进行。

信息系统的主管部门应当依照相关规范，例如《信息安全等级保护管理办法》，以及相关标准规范，督促、检查、指导本行业、本部门或本地区信息系统运营、使用单位的信息安全等级保护工作。

主管部门对信息系统定级进行指导，也可以确定跨省或全国统一联网运行的信息系统安全保护等级,保证同一级别的单位的相同的信息系统等级一致。以银行为例,如果都是市行的办公系统,如果各自定级,很容易出现定级不一致的情况,不利于确定信息系统的等级以及重要程度,容易造成过度保护或者保护不到位的情况。如果其主管部门对其所属的各个市级银行的办公系统的等级进行统一,就不会出现这种问题。

信息系统运营、使用单位应当按照等级保护的管理规范和相关标准规范履行信息安全等级保护的义务和责任。按照国家有关等级保护的管理规范和技术标准开展等级保护工作,建设安全设施、建立安全制度、落实安全责任,接受公安机关、保密部门、国家密码工作部门对信息安全等级保护工作的监督、指导,保障信息系统安全。在等级保护工作,信息系统运营使用单位和主管部门按照"谁主管谁负责,谁运营谁负责"的原则开展工作,并接受信息安全监管部门对开展等级保护工作的监管。运营使用单位和主管部门是信息系统安全的第一责任人,对所属信息系统安全负有直接责任。

信息安全产品的研制、生产单位,信息系统的集成、等级测评、风险评估等信息安全服务机构,依据国家有关管理规定和技术标准,开展技术服务、技术支持等工作,协助定级,等级测评,制定安全加固方案。同时,接受信息安全监管部门的监督管理。《信息安全等级保护管理办法》规定了第三级以上信息系统选择使用的等级测评机构的条件,信息系统运营使用单位和主管部门按照所列条件,对等级测评机构的可信性、可靠性进行把关。公安机关对等级测评是否符合要求进行监督、检查。

6.3 信息系统安全保护等级的划分与保护

6.3.1 "自主定级、自主保护"与国家监管相统一

国家信息安全等级保护工作坚持"自主定级、自主保护"的原则。各信息系统运营使用单位和主管部门是信息安全等级保护的责任主体,根据所属信息系统的重要程度和遭到破坏后的危害程度,自主确定信息系统的安全保护等级。同时,按照所定等级,依照相应等级的管理规范和技术标准,建设信息安全保护设施,建立安全制度,落实安全责任,自主对信息系统进行保护。在信息系统安全保护等级的确定过程中,往往会出现信息系统运营、使用单位与公安机关或者等级测评机构意见不一致的情况,此时,应该遵循自主定级的原则,尊重信息系统的运营、使用单位的意见。但是公安机关应该负起监管责任,给出定级意见,如果没有遵循公共机关的意见进行定级之后出现问题的,信息系统的运营、使用单位应该负相关责任。在开展信息安全等级保护定级工作时,虽然是要遵循自主定级、自主保护的原则,但是不能任意的自主、完全自主,还要接受国家监管部门的监督、检查与指导。

在信息系统等级保护工作中,信息系统运营使用单位和主管部门按照"谁主管谁负责,谁运营谁负责"的原则开展工作,并接受信息安全监管部门对开展等级保护工作的监管。运营使用单位和主管部门是信息系统安全的第一责任人,对所属信息系统安全负有直接责任;公安、保密、密码部门对运营使用单位和主管部门开展等级保护工作进行监督、检查、指导,对重要信息系统安全负监管责任。由于重要信息系统的安全运行不仅影响本

行业、本单位的生产和工作秩序，也会影响国家安全、社会稳定、公共利益，因此，国家必然要对重要信息系统的安全进行监管。

6.3.2 信息系统安全保护等级的划分

信息系统的安全保护等级应当根据信息系统在国家安全、经济建设、社会生活中的重要程度，遭到破坏后对国家安全、社会秩序、公共利益以及公民、法人和其他组织的合法权益的危害程度等因素确定。信息系统的安全保护等级分为以下 5 级。

第一级，信息系统受到破坏后，会对公民、法人和其他组织的合法权益造成损害，但不损害国家安全、社会秩序和公共利益。

第二级，信息系统受到破坏后，会对公民、法人和其他组织的合法权益产生严重损害，或者对社会秩序和公共利益造成损害，但不损害国家安全。

第三级，信息系统受到破坏后，会对社会秩序和公共利益造成严重损害，或者对国家安全造成损害。

第四级，信息系统受到破坏后，会对社会秩序和公共利益造成特别严重损害，或者对国家安全造成严重损害。

第五级，信息系统受到破坏后，会对国家安全造成特别严重损害。

6.3.3 信息系统安全保护等级的定级要素

信息系统的安全保护等级由两个定级要素决定：等级保护对象受到破坏时所侵害的客体和对客体造成侵害的程度。

(1) 受侵害的客体。等级保护对象受到破坏时所侵害的客体包括以下三个方面：一是公民、法人和其他组织的合法权益；二是社会秩序、公共利益；三是国家安全。

(2) 对客体的侵害程度。对客体的侵害程度由客观方面的不同外在表现综合决定。由于对客体的侵害是通过对等级保护对象的破坏实现的，因此，对客体的侵害外在表现为对等级保护对象的破坏，通过危害方式、危害后果和危害程度加以描述。等级保护对象受到破坏后对客体造成侵害的程度分为三种：一是造成一般损害；二是造成严重损害；三是造成特别严重损害。

6.3.4 5 级保护和监管

信息系统运营、使用单位依据本办法和相关技术标准对信息系统进行保护，国家有关信息安全监管部门对其信息安全等级保护工作进行监督管理。

第一级信息系统运营、使用单位应当依据国家有关管理规范和技术标准进行保护。适用于一般的信息系统，其受到破坏后，会对公民、法人和其他组织的合法权益产生损害，但不损害国家安全、社会秩序和公共利益。信息系统运营、使用单位或个人依照国家管理规范和技术标准进行自主保护。适用于小型私营、个体企业、中小学、乡镇所属信息系统、县级单位中一般的信息系统。

第二级信息系统运营、使用单位应当依据国家有关管理规范和技术标准进行保护。国家信息安全监管部门对该级信息系统信息安全等级保护工作进行指导。适用于一般的信息系统，其受到破坏后，会对社会秩序和公共利益造成轻微损害，但不损害国家安全；信息系统运营、使用单位应当依据国家管理规范和技术标准自主进行保护。必要时，国家信息安全监管职能部门进行指导。一般适用于县级某些单位中的重要信息系统；地市级以上国家机关、企事业单位内部一般的信息系统。例如非涉及工作秘密、商业秘密、敏感信息的办公系统和管理系统。

第三级信息系统运营、使用单位应当依据国家有关管理规范和技术标准进行保护。国家信息安全监管部门对该级信息系统信息安全等级保护工作进行监督、检查。适用于涉及国家安全、社会秩序和公共利益的重要信息系统，其受到破坏后，会对国家安全、社会秩序和公共利益造成损害；依照国家管理规范和技术标准进行自主保护，信息安全监管职能部门对其进行监督、检查。一般适用于地市级以上国家机关、企业、事业单位内部重要的信息系统，例如涉及工作秘密、商业秘密、敏感信息的办公系统和管理系统；跨省、跨市或全国(省)联网运行的用于生产、调度、管理、作业、指挥等方面的信息系统；跨省或全国联网的重要信息系统在省、地市级的分支系统；中央各部委、省(区、市)门户网站和重要网站；跨省联接的网络等。

第四级信息系统运营、使用单位应当依据国家有关管理规范、技术标准和业务专门需求进行保护。国家信息安全监管部门对该级信息系统信息安全等级保护工作进行强制监督、检查。适用于涉及国家安全、社会秩序和公共利益的重要信息系统，其受到破坏后，对国家安全、社会秩序和公共利益造成严重损害；依照国家管理规范和技术标准进行自主保护，信息安全监管职能部门对其进行强制监督、检查。一般适用于国家中央领域、重要部门中的特别重要系统以及核心系统。例如全国铁路、民航、电力等部门的调度系统，银行、证券、保险、税务、海关等几十个重要行业、部门中涉及国计民生的核心系统。

第五级信息系统运营、使用单位应当依据国家管理规范、技术标准和业务特殊安全需求进行保护。国家指定专门部门对该级信息系统信息安全等级保护工作进行专门监督、检查。适用于涉及国家安全、社会秩序和公共利益的重要信息系统的核心子系统，所承载的业务受到破坏后，会直接对国家安全造成特别严重损害；依照国家管理规范和技术标准进行自主保护，国家指定专门部门、专门机构进行专门监督。一般适用于国家重要领域、重要部门中的极端重要系统。

定级要素与信息系统安全保护等级的关系如表 6-1 所示。

表 6-1　定级要素与安全保护等级的关系

等级	对　象	侵害客体	侵害程度	监管强度
第一级	一般系统	合法权益	损害	自主保护
第二级		合法权益	严重损害	指导
		社会秩序和公共利益	损害	

续表

等级	对　象	侵害客体	侵害程度	监管强度
第三级	重要系统	社会秩序和公共利益	严重损害	监督检查
		国家安全	损害	
第四级		社会秩序和公共利益	特别严重损害	强制监督检查
		国家安全	严重损害	
第五级	极端重要系统	国家安全	特别严重损害	专门监督检查

6.4　信息系统安全等级保护的主要流程

信息系统安全等级保护是一项系统的工作，主要流程包括 6 项内容(如图 6-12 所示)。

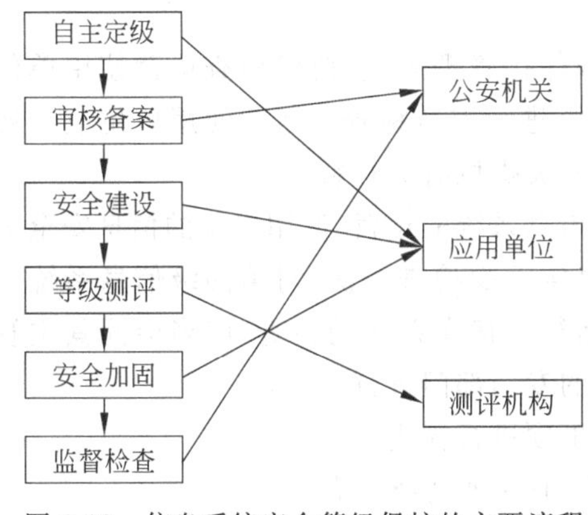

图 6-12　信息系统安全等级保护的主要流程

一是自主定级。信息系统运营、使用单位按照《信息安全等级保护管理办法》和《信息系统安全等级保护定级指南》(GBT 22240—2008)的要求，自主确定信息系统的安全保护等级。有上级主管部门的，应当经上级主管部门审批。跨省或全国统一联网运行的信息系统可以由其主管部门统一确定安全保护等级。

在信息系统确定安全保护等级过程中，可以组织专家进行评审。对拟确定为第四级以上信息系统的，运营使用单位或主管部门应当邀请国家信息安全保护等级专家评审委员会评审。

二是审核备案。已运营(运行)的第二级以上信息系统，应当在安全保护等级确定后 30 日内，由其运营、使用单位到所在地设区的市级以上公安机关办理备案手续。新建第二级以上信息系统，应当在投入运行后 30 日内，由其运营、使用单位到所在地设区的市级以上公安机关办理备案手续。隶属于中央的在京单位，其跨省或者全国统一联网运行并由主管部门统一定级的信息系统，由主管部门向公安部办理备案手续。跨省或者全国统一联网运行的信息系统在各地运行、应用的分支系统，应当向当地设区的市级以上公安机关备案。

三是系统安全建设。信息系统的安全保护等级确定后，运营、使用单位应当按照国家信息安全等级保护管理规范和技术标准，开展信息系统安全建设或者改建工作。使用符合国家有关规定，满足信息系统安全保护等级需求的信息技术产品，建设符合等级要求的信息安全设施，建立安全组织，制定并落实安全管理制度。

在信息系统建设过程中，运营、使用单位应当按照《计算机信息系统安全保护等级划分准则》(GB 17859—1999)、《信息系统安全等级保护基本要求》等技术标准，参照《信息

安全技术 信息系统通用安全技术要求》(GB/T 20271—2006)、《信息安全技术 网络基础安全技术要求》(GB/T 20270—2006)、《信息安全技术 操作系统安全技术要求》(GB/T 20272—2006)、《信息安全技术 数据库管理系统安全技术要求》(GB/T 20273—2006)、《信息安全技术 服务器技术要求》、《信息安全技术 终端计算机系统安全等级技术要求》(GA/T 671—2006)等技术标准同步建设符合该等级要求的信息安全设施。

运营、使用单位应当参照《信息安全技术 信息系统安全管理要求》(GB/T 20269—2006)、《信息安全技术 信息系统安全工程管理要求》(GB/T 20282—2006)、《信息系统安全等级保护基本要求》等管理规范,制定并落实符合本系统安全保护等级要求的安全管理制度。

四是等级测评。信息系统建设完成后,运营、使用单位或者其主管部门应当选择符合本办法规定条件的测评机构,依据《信息系统安全等级保护测评要求》等技术标准,定期对信息系统安全等级状况开展等级测评。第三级信息系统应当每年至少进行一次等级测评,第四级信息系统应当每半年至少进行一次等级测评,第五级信息系统应当依据特殊安全需求进行等级测评。

六是监督检查。公安机关依据信息安全等级保护管理规范,监督检查运营使用单位开展等级保护工作,定期对第三级以上的信息系统进行安全检查。运营使用单位应当接受公安机关的安全监督、检查、指导,如实向公安机关提供有关材料。

受理备案的公安机关应当对第三级、第四级信息系统的运营、使用单位的信息安全等级保护工作情况进行检查。对第三级信息系统每年至少检查一次,对第四级信息系统每半年至少检查一次。对跨省或者全国统一联网运行的信息系统的检查,应当会同其主管部门进行。对第五级信息系统,应当由国家指定的专门部门进行检查。

公安机关、国家指定的专门部门应当对下列事项进行检查。

(1) 信息系统安全需求是否发生变化,原定保护等级是否准确;

(2) 运营、使用单位安全管理制度、措施的落实情况;

(3) 运营、使用单位及其主管部门对信息系统安全状况的检查情况;

(4) 系统安全等级测评是否符合要求;

(5) 信息安全产品使用是否符合要求;

(6) 信息系统安全整改情况;

(7) 备案材料与运营、使用单位、信息系统的符合情况;

(8) 其他应当进行监督检查的事项。

信息系统运营、使用单位应当接受公安机关、国家指定的专门部门的安全监督、检查、指导,如实向公安机关、国家指定的专门部门提供下列有关信息安全保护的信息资料及数据文件。

(1) 信息系统备案事项变更情况;

(2) 安全组织、人员的变动情况;

(3) 信息安全管理制度、措施变更情况;

(4) 信息系统运行状况记录;

(5) 运营、使用单位及主管部门定期对信息系统安全状况的检查记录;

(6) 对信息系统开展等级测评的技术测评报告；

(7) 信息安全产品使用的变更情况；

(8) 信息安全事件应急预案，信息安全事件应急处置结果报告；

(9) 信息系统安全建设、整改结果报告。

公安机关检查发现信息系统安全保护状况不符合信息安全等级保护有关管理规范和技术标准的，应当向运营、使用单位发出整改通知。运营、使用单位应当根据整改通知要求，按照管理规范和技术标准进行整改。整改完成后，应当将整改报告向公安机关备案。必要时，公安机关可以对整改情况组织检查。

6.5　信息系统安全等级保护等级的确定

6.5.1　信息系统安全等级保护定级范围

(1) 电信、广电行业的公用通信网、广播电视传输网等基础信息网络，经营性公众互联网信息服务单位、互联网接入服务单位、数据中心等单位的重要信息系统。

(2) 铁路、银行、海关、税务、民航、电力、证券、保险、外交、科技、发展改革、国防科技、公安、人事劳动和社会保障、财政、审计、商务、水利、国土资源、能源、交通、文化、教育、统计、工商行政管理、邮政等行业、部门的生产、调度、管理、办公等重要信息系统。

(3) 市(地)级以上党政机关的重要网站和办公信息系统。

(4) 涉及国家秘密的信息系统(以下简称"涉密信息系统")。

6.5.2　信息系统安全保护等级的确定流程

定级是等级保护工作的首要环节，是开展信息系统建设、整改、测评、备案、监督检查等后续工作的重要基础。信息系统安全级别定不准，系统建设、整改、备案、等级测评等后续工作都失去了针对性。信息系统的安全保护等级是信息系统的客观属性，不以已采取或将采取什么安全保护措施为依据，也不以风险评估为依据，而是以信息系统的重要性和信息系统遭到破坏后对国家安全、社会稳定、人民群众合法权益的危害程度为依据，确定信息系统的安全等级。即从国家、人民群众的根本利益出发，考虑了信息系统受到损害后的最大风险。信息系统等级的确定工作应该科学、准确。信息系统等级确定流程主要有 7 个步骤，如图 6-13 所示。

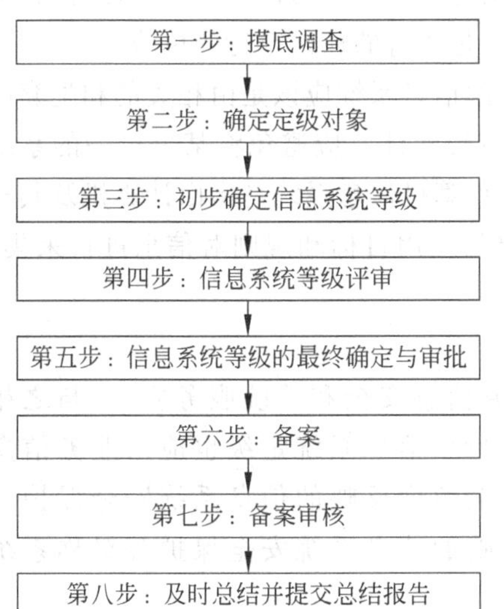

图 6-13　信息系统安全等级确定流程图

第一步：开展信息系统基本情况的摸底调查。各行业主管部门、运营使用单位要组织开展对所属信息系统的摸底调查，全面掌握信息系统的数量、分布、业务类型、应用或服务范围、系统结构等基本情况，按照《管理办法》和《信息系统安全等级保护定级指南》的要求，确定定级对象。各行业主管部门要根据行业特点提出指导本地区、本行业定级工作的具体意见。

第二步：确定定级对象。

在信息系统安全等级保护定级工作中，如何科学、合理地确定定级对象是最关键、最复杂的问题，而且工作繁重。以重庆市为例，截至2008年完成了651个市级重要信息系统的自主定级和审核备案工作。其中：一级系统85个，二级系统376个，三级系统114个，四级系统5个，秘密系统39个，机密系统32个。信息系统运营使用单位或主管部门按如下原则确定定级对象。

一是承载相对独立或单一业务应用的信息系统；二是信息系统的信息安全由本单位主管；三是具有信息系统的基本要素。只有同时满足上述三个条件，才可由本单位对其进行定级。起支撑作用的网络可以作为定级对象；应用类的信息系统以应用种类划分定级对象。

为了确保定级准确，各行业、各部委要通盘考虑，提出定级意见，避免出现同类信息系统中下属系统比上级系统级别高的问题。

一是应用系统应按照不同业务类别单独确定为定级对象，承载相对独立或单一业务应用的信息系统，不以系统是否进行数据交换、是否独享设备为确定定级对象条件。起传输作用的基础网络要作为单独的定级对象。以银行为例，有办公系统，也有业务系统。业务系统也有不同的分工，核心业务系统包括：客户信息管理、存款业务、贷款业务、总账以及对这些存、贷款账户的日间操作等；渠道业务服务，交易是来自柜员系统、ATM/POS或是其他方式，如电话银行、网上银行、客户服务中心等，该交易都会被传递到后台的核心业务系统，进行有关客户账和总账的更新，如图6-14所示。

二是确认负责定级的单位是否对所定级系统具有安全管理责任，信息系统的信息安全由本单位主管。确定要定级的系统的同时，就要确定系统的运营使用单位是谁，由这个运营使用单位来负责自主定级。以银行为例，要确定是省行的还是市行的单位。

三是具有信息系统的基本要素。作为定级对象的信息系统应该是由相关的和配套的设备、设施按照一定的应用目标和规则组合而成的有形实体。应避免将某个单一的系统组件（如服务器、终端、网络设备等）作为定级对象。计算机信息系统是指由计算机及其相关的和配套的设备、设施（含网络）构成的，按照一定的应用目标和规则对信息进行采集、加工、存储、传输、检索等处理的人机系统。

第三步：初步确定信息系统等级。

（1）定级的一般流程。信息系统安全包括业务信息安全和系统服务安全，与之相关的受侵害客体和对客体的侵害程度可能不同，因此，信息系统定级也应由业务信息安全和系统服务安全两方面确定。从业务信息安全角度反映的信息系统安全保护等级称业务信息安全等级。从系统服务安全角度反映的信息系统安全保护等级称系统服务安全等级。

确定信息系统安全保护等级的一般流程如下：确定作为定级对象的信息系统；确

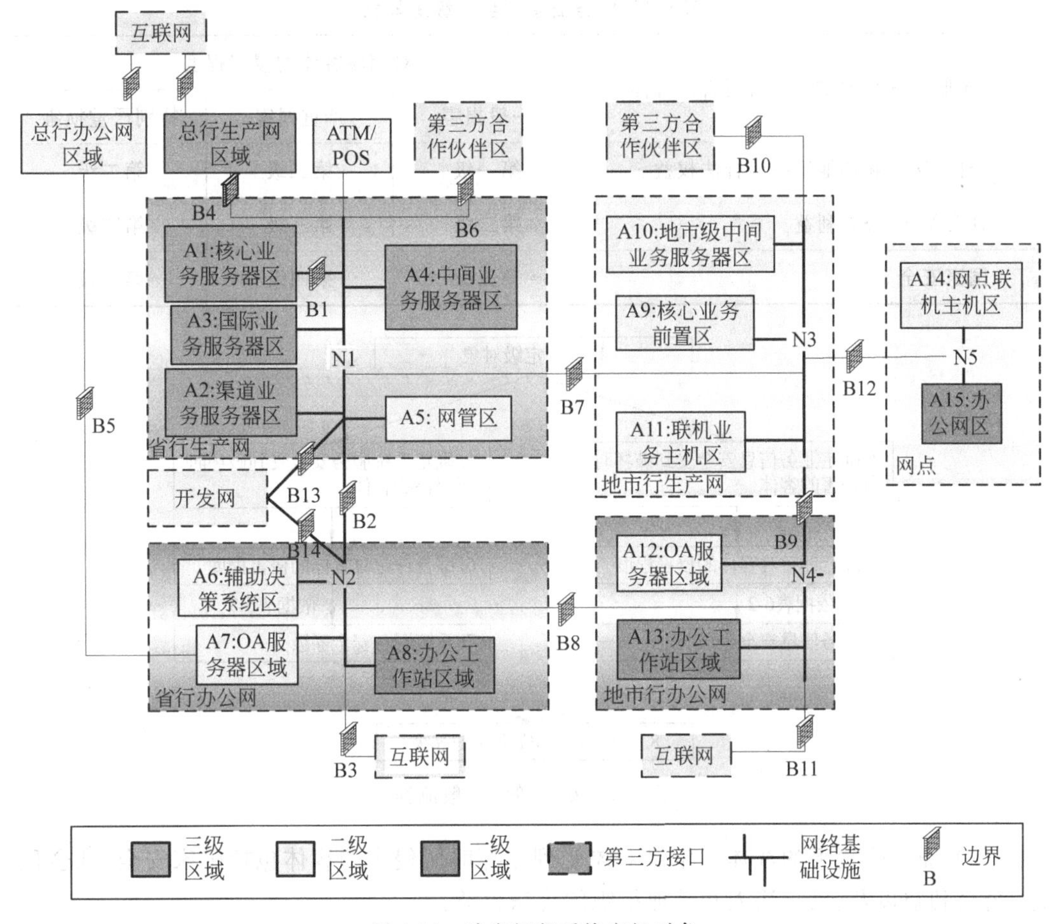

图 6-14　确定银行系统定级对象

定业务信息安全受到破坏时所侵害的客体；根据不同的受侵害客体，从多个方面综合评定业务信息安全被破坏对客体的侵害程度；依据表 6-2，得到业务信息安全等级；确定系统服务安全受到破坏时所侵害的客体；根据不同的受侵害客体，从多个方面综合评定系统服务安全被破坏对客体的侵害程度；依据表 6-3，得到系统服务安全等级；由业务信息安全等级和系统服务安全等级的较高者确定定级对象的安全保护等级，如图 6-15 所示。

表 6-2　系统服务安全等级矩阵表

业务信息安全被破坏时所侵害的客体	对相应客体的侵害程度		
	一般损害	严重损害	特别严重损害
公民、法人和其他组织的合法权益	第一级	第二级	第二级
社会秩序、公共利益	第二级	第三级	第四级
国家安全	第三级	第四级	第五级

表 6-3 业务信息安全等级矩阵表

系统服务安全被破坏时所侵害的客体	对相应客体的侵害程度		
	一般损害	严重损害	特别严重损害
公民、法人和其他组织的合法权益	第一级	第二级	第二级
社会秩序、公共利益	第二级	第三级	第四级
国家安全	第三级	第四级	第五级

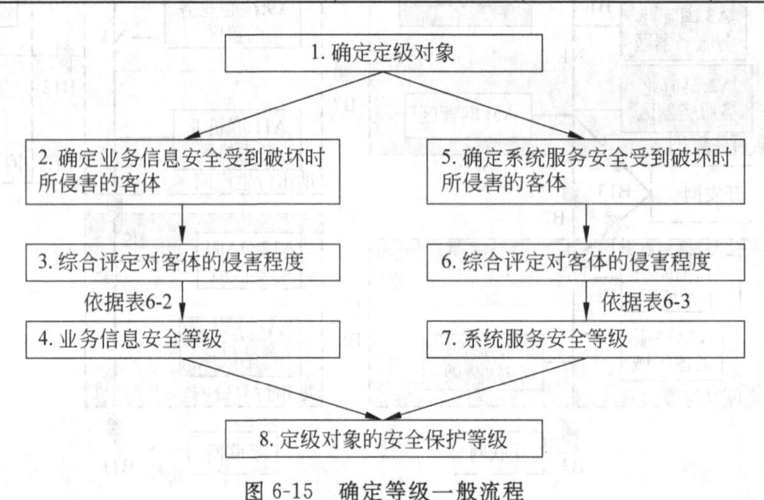

图 6-15 确定等级一般流程

(2) 确定受侵害的客体。定级对象受到破坏时所侵害的客体包括国家安全、社会秩序、公众利益以及公民、法人和其他组织的合法权益。

侵害国家安全的事项包括以下方面：影响国家政权稳固和国防实力；影响国家统一、民族团结和社会安定；影响国家对外活动中的政治、经济利益；影响国家重要的安全保卫工作；影响国家经济竞争力和科技实力；其他影响国家安全的事项。国家安全具体事项主要指，重要的国家事务处理系统、国防工业生产系统和国防设施的控制系统等；广播、电视、网络等重要新闻媒体的发布或播出系统，其受到非法控制可能引发影响国家统一、民族团结和社会安定的重大事件；尖端科技领域的研发、生产系统等影响国家经济竞争力和科技实力的信息系统，以及电力、通信、能源、交通运输、金融等国家重要基础设施的生产、控制、管理系统等。

侵害社会秩序的事项包括以下方面：影响国家机关社会管理和公共服务的工作秩序；影响各种类型的经济活动秩序；影响各行业的科研、生产秩序；影响公众在法律约束和道德规范下的正常生活秩序等；其他影响社会秩序的事项。社会秩序具体事项主要指，各级政府机构的社会管理和公共服务系统，如财政、金融、工商、税务、公检法、海关、社保等领域的信息系统，也包括教育、科研机构的工作系统，以及所有为公众提供医疗卫生、应急服务、供水、供电、邮政等必要服务的生产系统或管理系统。公共利益具体事项主要指，借助信息化手段为社会成员提供使用的公共设施和通过信息系统对公共设施进行管理控制都应当是要考虑的方面，例如：公共通信设施、公共卫生设施、公共休闲娱乐设施、公共管理设施、公共服务设施等。公共利益与社会秩序密切相关，社会秩序的破坏一般会造成对公共利益的损害。

影响公共利益的事项包括以下方面：影响社会成员使用公共设施；影响社会成员获取公开信息资源；影响社会成员接受公共服务等方面；其他影响公共利益的事项。

影响公民、法人和其他组织的合法权益是指由法律确认的并受法律保护的公民、法人和其他组织所享有的一定的社会权利和利益。

确定作为定级对象的信息系统受到破坏后所侵害的客体时，应首先判断是否侵害国家安全，然后判断是否侵害社会秩序或公众利益，最后判断是否侵害公民、法人和其他组织的合法权益，如图 6-16 所示。

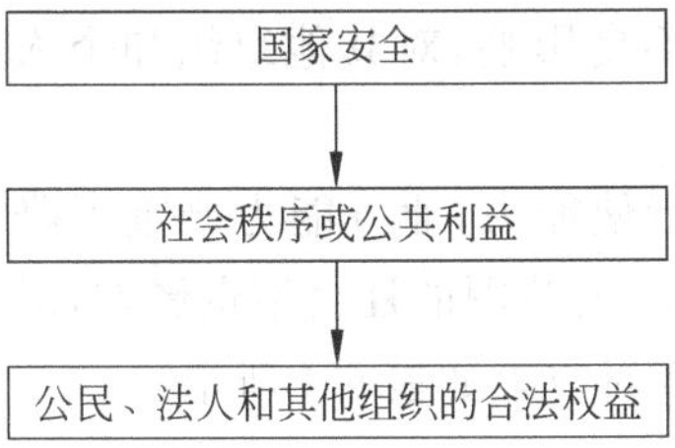

国家安全

社会秩序或公共利益

公民、法人和其他组织的合法权益

图 6-16 侵害的客体判断顺序

各行业可根据本行业业务特点，分析各类信息和各类信息系统与国家安全、社会秩序、公共利益以及公民、法人和其他组织的合法权益的关系，从而确定本行业业务各类信息和各类信息系统受到破坏时所侵害的客体。

(3) 确定对客体的侵害程度。

侵害的客观方面。在客观方面，对客体的侵害外在表现为对定级对象的破坏，其危害方式表现为对信息安全的破坏和对信息系统服务的破坏，其中信息安全是指确保信息系统内信息的保密性、完整性和可用性等，系统服务安全是指确保信息系统可以及时、有效地提供服务，以完成预定的业务目标。由于业务信息安全和系统服务安全受到破坏所侵害的客体和对客体的侵害程度可能会有所不同，在定级过程中，需要分别处理这两种危害方式。

信息安全和系统服务安全受到破坏后，可能产生以下危害后果：影响行使工作职能；导致业务能力下降；引起法律纠纷；导致财务损失；造成社会不良影响；对其他组织和个人造成损失；其他影响。在考虑危害后果的时候，要同时考虑直接的结果和间接的影响。直接作用的结果是信息系统的破坏，但是确定对客体侵害的程度时，必须考虑间接地对客体产生的侵害和影响。

(4) 综合判定侵害程度。侵害程度是客观方面的不同外在表现的综合体现，因此，应首先根据不同的受侵害客体、不同危害后果分别确定其危害程度。对不同危害后果确定其危害程度所采取的方法和所考虑的角度可能不同，例如，系统服务安全被破坏导致业务能力下降的程度可以从信息系统服务覆盖的区域范围、用户人数或业务量等不同方面确定，也就是这个系统导致多少人享受不到这个服务，业务信息安全被破坏导致的财物损失可以从直接的资金损失大小、间接的信息恢复费用等方面进行确定，如图 6-17 所示。

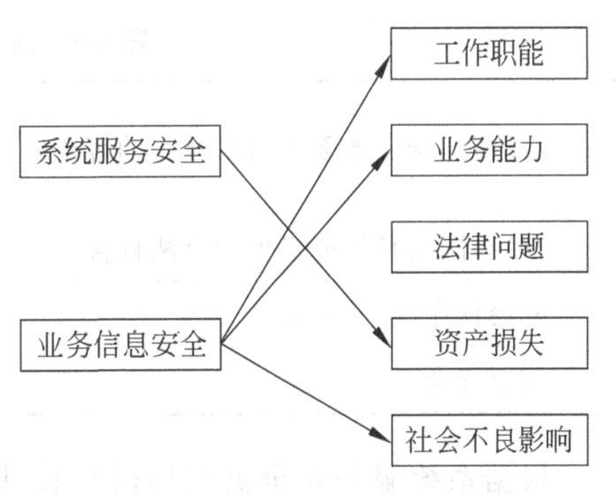

图 6-17 危害后果与危害角度对应图

在针对不同的受侵害客体进行侵害程度的判断时，应参照以下不同的判别基准。

如果受侵害客体是公民、法人或其他组织的合法权益，则以本人或本单位的总体利益作为判断侵害程度的基准；

如果受侵害客体是社会秩序、公共利益或国家安全，则应以整个行业或国家的总体利益作为判断侵害程度的基准。

不同危害后果的三种危害程度描述如下。

一般损害：工作职能受到局部影响，业务能力有所降低但不影响主要功能的执行，出现较轻的法律问题，较低的资产损失，有限的社会不良影响，对其他组织和个人造成较低损害。

严重损害：工作职能受到严重影响，业务能力显著下降且严重影响主要功能执行，出现较严重的法律问题，较高的资产损失，较大范围的社会不良影响，对其他组织和个人造成较严重损害。

特别严重损害：工作职能受到特别严重影响或丧失行使能力，业务能力严重下降或功能无法执行，出现极其严重的法律问题，极高的资产损失，大范围的社会不良影响，对其他组织和个人造成非常严重的损害。危害后果和危害程度对应表如表6-4所示。

表6-4 危害后果和危害程度对应表

侵害程度	工作职能	业务能力	法律问题	资产损失	社会影响
一般损害	局部影响	有所降低	较轻	低	有限
严重损害	严重影响	显著下降	较严重	较高	大范围
特别严重损害	特别严重	严重下降	极其严重	极高	范围

信息安全和系统服务安全被破坏后对客体的侵害程度，由对不同危害结果的危害程度进行综合评定得出。由于各行业信息系统所处理的信息种类和系统服务特点各不相同，信息安全和系统服务安全受到破坏后关注的危害结果、危害程度的计算方式均可能不同，各行业可根据本行业信息特点和系统服务特点，制定危害程度的综合评定方法，并给出侵害不同客体造成损害、严重损害、特别严重损害的具体定义。

(5) 确定信息系统安全保护等级。根据业务信息安全被破坏时所侵害的客体以及对相应客体的侵害程度，依据表6-5业务信息安全等级矩阵表，即可得到业务信息安全等级。

表6-5 业务信息安全等级矩阵表

业务信息安全被破坏时所侵害的客体	对相应客体的侵害程度		
	一般损害	严重损害	特别严重损害
公民、法人和其他组织的合法权益	第一级	第二级	第二级
社会秩序、公共利益	第二级	第三级	第四级
国家安全	第三级	第四级	第五级

根据系统服务安全被破坏时所侵害的客体以及对相应客体的侵害程度，依据表6-6系统服务安全等级矩阵表，即可得到系统服务安全等级。

表 6-6　系统服务安全等级矩阵表

系统服务安全被破坏时所侵害的客体	对相应客体的侵害程度		
	一般损害	严重损害	特别严重损害
公民、法人和其他组织的合法权益	第一级	第二级	第二级
社会秩序、公共利益	第二级	第三级	第四级
国家安全	第三级	第四级	第五级

作为定级对象的信息系统的安全保护等级由业务信息安全等级和系统服务安全等级的较高者决定，也就是就高不就低原则。

第四步：信息系统等级评审。

在信息系统安全保护等级确定过程中，可以聘请专家进行咨询评审，并出具定级评审意见。对拟确定为第四级以上信息系统的，运营、使用单位或者主管部门应当邀请国家信息安全保护等级专家评审委员会（如表 6-7 所示）评审，出具评审意见。评审意见及时反馈信息系统运营使用单位工作组。涉密信息系统按照国家保密局有关规定进行等级评审。

表 6-7　国家信息安全保护等级专家评审委员会人员名单

姓 名	单　　位
沈昌祥	国家信息化专家咨询委员会委员、工程院院士
崔书昆	国家信息化专家咨询委员会委员、研究员
吉增瑞	总参三部、教授
袁文恭	总参三部、研究员
孔志印	总参 51 所、副所长
陈晓桦	中国信息安全测评认证中心、副主任
刘　艳	中办信息中心、处长
胡　佳	国办秘书局、处长
杜　虹	国家保密局保密技术研究所、所长
郭全明	中国人民银行科技司、处长
钟志红	信息产业部电信管理局、处长
李建彬	国家税务总局信息中心、处长
刘祖泷	原铁道部信息办、处长
顾炳中	国土资源部信息中心、总工
王小丁	中国电子口岸数据中心、主任
房　庆	中国标准化研究院、副院长
高昆仑	中国电科院国家电网公司信息安全实验室、主任
詹榜华	北京数字证书中心、总经理

第五步：信息系统等级的最终确定与审批。

信息系统运营使用单位参考专家定级评审意见，最终确定信息系统等级，形成《信息系统安全等级保护定级报告》。如果专家评审意见与运营使用单位意见不一致时，由运营使用单位自主决定系统等级，信息系统运营使用单位有上级主管部门的，应当经上级主管部门对安全保护等级进行审核批准。

《信息系统安全等级保护定级报告》主要包含两大部分，一是信息系统描述，二是信息系统安全保护等级确定。信息系统描述是简述确定该系统为定级对象的理由。从三方面进行说明：一是描述承担信息系统安全责任的相关单位或部门，说明本单位或部门对信息系统具有信息安全保护责任，该信息系统为本单位或部门的定级对象；二是该定级对象是否具有信息系统的基本要素，描述基本要素、系统网络结构、系统边界和边界设备；三是该定级对象是否承载着单一或相对独立的业务，业务情况描述，如图 6-18 所示。

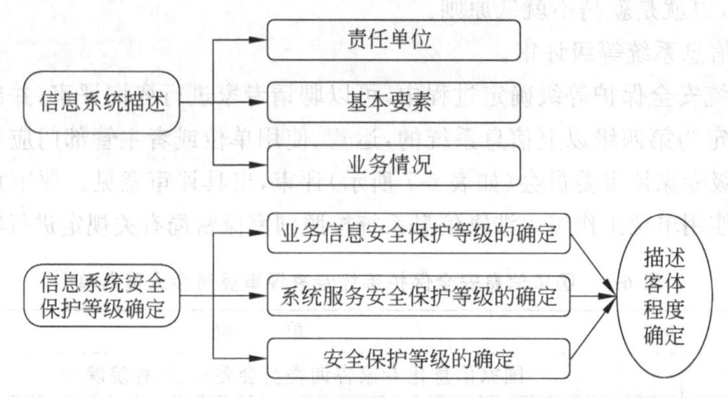

图 6-18 《信息系统安全等级保护定级报告》内容结构图

信息系统安全保护等级确定主要包括业务信息安全保护等级的确定、系统服务安全保护等级的确定和安全保护等级的确定三个部分。每一个部分都由描述、受到破坏时所侵害客体的确定、受到破坏后对侵害客体的侵害程度的确定和安全等级的确定 4 个部分构成。

《信息系统安全等级保护定级报告》模板见表 6-8。

表 6-8 《信息系统安全等级保护定级报告》模板

《信息系统安全等级保护定级报告》
一、XXX 信息系统描述 简述确定该系统为定级对象的理由。从三方面进行说明：一是描述承担信息系统安全责任的相关单位或部门，说明本单位或部门对信息系统具有信息安全保护责任，该信息系统为本单位或部门的定级对象；二是该定级对象是否具有信息系统的基本要素，描述基本要素、系统网络结构、系统边界和边界设备；三是该定级对象是否承载着单一或相对独立的业务，业务情况描述。 **二、XXX 信息系统安全保护等级确定（定级方法参见国家标准《信息系统安全等级保护定级指南》）** （一）业务信息安全保护等级的确定 1. 业务信息描述 描述信息系统处理的主要业务信息等。 2. 业务信息受到破坏时所侵害客体的确定 说明信息受到破坏时侵害的客体是什么，即对三个客体（国家安全；社会秩序和公众利益；公民、法人和其他组织的合法权益）中的哪些客体造成侵害。 3. 信息受到破坏后对侵害客体的侵害程度的确定 说明信息受到破坏后，会对侵害客体造成什么程度的侵害，即说明是一般损害、严重损害还是特别严重损害。

续表

4. 业务信息安全等级的确定
依据信息受到破坏时所侵害的客体以及侵害程度，确定业务信息安全等级。
（二）系统服务安全保护等级的确定
1. 系统服务描述
描述信息系统的服务范围、服务对象等。
2. 系统服务受到破坏时所侵害客体的确定
说明系统服务受到破坏时侵害的客体是什么，即对三个客体（国家安全；社会秩序和公众利益；公民、法人和其他组织的合法权益）中的哪些客体造成侵害。
3. 系统服务受到破坏后对侵害客体的侵害程度的确定
说明系统服务受到破坏后，会对侵害客体造成什么程度的侵害，即说明是一般损害、严重损害还是特别严重损害。
4. 系统服务安全等级的确定
依据系统服务受到破坏时所侵害的客体以及侵害程度确定系统服务安全等级。
（三）安全保护等级的确定
信息系统的安全保护等级由业务信息安全等级和系统服务安全等级较高者决定，最终确定 XXX 系统安全保护等级为第几级。

信息系统名称	安全保护等级	业务信息安全等级	系统服务安全等级
XXX 信息系统	X	X	X

《信息系统安全等级保护定级报告》实例见表 6-9。

表 6-9　《信息系统安全等级保护定级报告》实例

信息系统安全等级保护定级报告

一、X 省邮政金融网中间业务系统描述

（一）该中间业务于 * 年 * 月 * 日由 * 省邮政局科技立项，省邮政信息技术局自主研发。目前该系统由技术局运行维护部负责运行维护。省邮政局是该信息系统业务的主管部门，省邮政局委托技术局为该信息系统定级的责任单位。
（二）此系统是计算机及其相关的和配套的设备、设施构成的，是按照一定的应用目标和规则对邮储金融中间业务信息进行采集、加工、存储、传输、检索等处理的人机系统。整个网络分为两部分，（图略），第一部分为省数据中心，第二部分为市局局域网。
在省数据中心的核心设备部署了华为的 S* * 三层交换机，……
在省数据中心的网络中配置了两台与外部网络互联的边界设备：天融信 NGFW 4 * * 防火墙和 Cisco 2 * * 路由器……
省数据中心网络中剩下的一部分就是与下面各个地市的互联。其中主要设备部署的是……整个省数据中心网络中的所有设备系统都按照统一的设备管理策略，只能现场配置，不可远程拨号登录。
整个信息系统的网络系统边界设备可定为 NGFW 4 * * 与 Cisco 2 * *。Cisco 2 * * 外联的其他系统都划分为外部网络部分，而 NGFW 4 * * 以内的部分包括与各地市互联的部分都可归为中心的内部网络，与中间业务系统相关的省数据中心网络边界部分和内部网络部分都是等级保护定级的范围和对象。在此次定级过程中，将各市的网络和数据中心连同省中心统一作为一个定级对象加以考虑，统一进行定级、备案。**各市的网络和数据中心还要作为整个系统的分系统分别进行定级、备案**。
（三）该信息系统业务主要包含：中国移动代收费、中国联通代收费、代理国债、批量工资代发、批量水电气等费用代扣、代收烟草款等业务，并新增加了代收国税、地税，代办保险等业务。系统针对业务实现的差异分别提供实时联机处理和批量处理两种方式。其中：通过网络与第三方机构的连接，均采用约定好的报文格式进行通信，业务处理流程实时完成。
业务处理系统以省集中结构模式，负责各类中间业务的业务处理，包括与第三方实时连接、接口协议转换、非实时批量数据的采集、业务处理逻辑的实现、与会计核算系统的连接等。

续表

二、X省邮政金融网中间业务系统安全保护等级的确定

（一）业务信息安全保护等级的确定

1. 业务信息描述

金融网中间业务信息包括：代收费情况信息，缴费公民、法人和其他组织的个人（单位）信息，欠费情况，以及代收费的银行、电信、燃气、税务、保险等部门的信息等。属于公民、法人和其他组织的专有信息。

2. 业务信息受到破坏时所侵害客体的确定（侵害的客体包括：1国家安全，2社会秩序和公共利益，3公民、法人和其他组织的合法权益等共三个客体）

该业务信息遭到破坏后，所侵害的客体是公民、法人和其他组织的合法权益。

侵害的客观方面（客观方面是指定级对象的具体侵害行为，侵害形式以及对客体造成的侵害结果）表现为：一旦信息系统的业务信息遭到入侵、修改、增加、删除等不明侵害（形式可以包括丢失、破坏、损坏等），会对公民、法人和其他组织的合法权益造成影响和损害，可以表现为：影响正常工作的开展，导致业务能力下降，造成不良影响，引起法律纠纷等。

3. 信息受到破坏后对侵害客体的侵害程度（即上述分析的结果的表现程度）

上述结果的程度表现为**严重损害**，即工作职能受到**严重**影响，业务能力显著下降，出现**较严重**的法律问题，**较大范围**的不良影响等。

4. 确定业务信息安全等级

查《定级指南》表2知，业务信息安全保护等级为第二级。

业务信息安全被破坏时所侵害的客体	对相应客体的侵害程度		
	一般损害	严重损害	特别严重损害
公民、法人和其他组织的合法权益	第一级	第二级	第二级
社会秩序、公共利益	第二级	第三级	第四级
国家安全	第三级	第四级	第五级

（二）系统服务安全保护等级的确定

1. 系统服务描述

该系统属于为国计民生、经济建设等提供服务的信息系统，其服务范围为全省范围内的普通公民、法人等。

2. 系统服务受到破坏时所侵害客体的确定

该业务信息遭到破坏后，所侵害的客体是公民、法人和其他组织的合法权益，同时也侵害社会秩序和公共利益但不损害国家安全。客观方面表现的侵害结果为：①可以对公民、法人和其他组织的合法权益造成侵害（影响正常工作的开展，导致业务能力下降，造成不良影响，引起法律纠纷等）；②可以对社会秩序公共利益造成侵害（造成社会不良影响，引起公共利益的损害等）。根据《定级指南》的要求，出现上述两个侵害客体时，优先考虑社会秩序和公共利益，另外一个不做考虑。

3. 信息受到破坏后对侵害客体的侵害程度（即上述分析的结果的表现程度）

上述结果的程度表现为：对社会秩序和公共利益造成**严重损害**，即会出现**较大范围**的社会不良影响和**较大程度**的公共利益的损害等。

4. 确定系统服务安全等级

查《定级指南》表3知，由于侵害的客体有两个，侵害的程度也有两个，则业务信息安全保护等级为第二级。

系统服务被破坏时所侵害的客体	对相应客体的侵害程度		
	一般损害	严重损害	特别严重损害
公民、法人和其他组织的合法权益	第一级	第二级	第二级
社会秩序、公共利益	第二级	第三级	第四级
国家安全	第三级	第四级	第五级

续表

(三) 安全保护等级的确定
信息系统的安全保护等级由业务信息安全等级和系统服务安全务安等级的较高者决定。所以,X省邮政金融网中间业务系统安全保护等级为第三级。

信息系统名称	安全保护等级	业务信息安全等级	系统服务安全等级
X省邮政金融网中间业务系统	第三级	二	三

6.6 信息安全等级保护备案

6.6.1 备案期限

已运营(运行)的第二级以上信息系统,应当在安全保护等级确定后30日内,由其运营、使用单位到所在地设区的市级以上公安机关办理备案手续。

新建第二级以上信息系统,应当在投入运行后30日内,由其运营、使用单位到所在地设区的市级以上公安机关办理备案手续。

6.6.2 备案管辖

地市级以上公安机关公共信息网络安全监察部门受理本辖区内备案单位的备案。隶属于省级的备案单位,其跨地(市)联网运行的信息系统,由省级公安机关公共信息网络安全监察部门受理备案。

隶属于中央的在京单位,其跨省或者全国统一联网运行并由主管部门统一定级的信息系统,由公安部公共信息网络安全监察局受理备案,其他信息系统由北京市公安局公共信息网络安全监察部门受理备案。

隶属于中央的非在京单位的信息系统,由当地省级公安机关公共信息网络安全监察部门(或其指定的地市级公安机关公共信息网络安全监察部门)受理备案。

跨省或者全国统一联网运行并由主管部门统一定级的信息系统在各地运行、应用的分支系统(包括由上级主管部门定级,在当地有应用的信息系统),由所在地地市级以上公安机关公共信息网络安全监察部门受理备案。

6.6.3 备案材料

信息系统运营、使用单位或者其主管部门(以下简称“备案单位”)应当在信息系统安全保护等级确定后30日内,到公安机关公共信息网络安全监察部门办理备案手续。办理备案手续时,应当首先到公安机关指定的网址下载并填写备案表,准备好备案文件,然后到指定的地点备案。

备案时应当提交《信息系统安全等级保护备案表》(以下简称《备案表》)(一式两份)及其电子文档。根据《信息安全等级保护管理办法》(公通字[2007]43号)之规定,制作本备案表。备案表由封面(如图6-19所示)和4张备案表单构成,包括备案表单一、二、三、四。表一为单位信息,每个填表单位填写一张;表二为信息系统基本信息,表三为信息系统定级信息，表二、表三每个信息系统填写一张，表二、表三、表四可以复印使用。第二级以上信息系统备案时需提交《备案表》中的表一、二、三。表四为第三级以上信息系统需要同时提交的内容，由每个第三级以上信息系统填写一张，并在完成系统建设、整改、测评等工作，投入运行后30日内向受理备案公安机关提交。还应当在系统建设、整改、测评等工作完成后，再行提交备案表表四所列各项内容的书面材料。在使用过程中注意信息系统编号，如某单位共有6个信息系统，则填写过程中要遵循表二(1/6)、表二(2/6)……表二(6/6)的编号和命名规则。如果6个信息系统中有3个是第三级以上信息系统，则表四的编号要和同一信息系统的表二、三的编号保持一致。例如，单位共有6个信息系统，其中有一个第三级以上信息系统A，则该单位需要填写1张表一，6张表二和表三，1张表四。假设A系统表二的编号为表二(2/6)，则相对应的表四的编号也应当是表四(2/6)。本表一式二份，一份由备案单位保存，一份由受理备案公安机关存档。

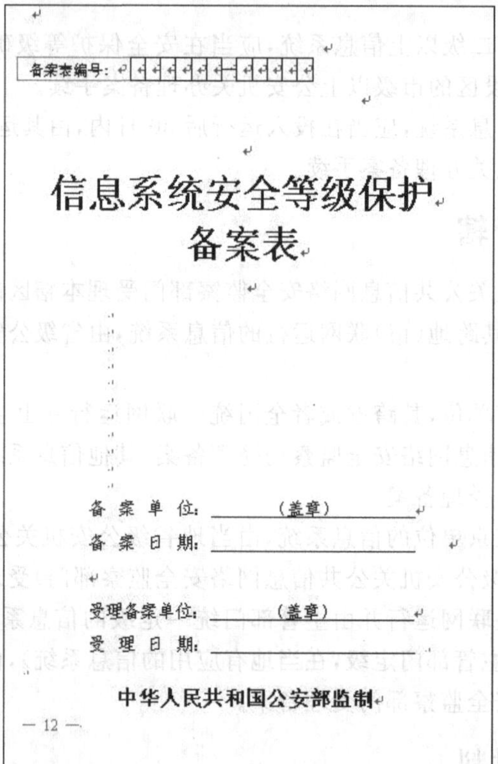

备案表编号：

信息系统安全等级保护
备案表

备 案 单 位：（盖章）

备 案 日 期：

受理备案单位：（盖章）

受 理 日 期：

中华人民共和国公安部监制

— 12 —

图 6-19　备案表封面

《信息安全等级保护管理办法》第十六条规定，办理信息系统安全保护等级备案手续时，应当填写《信息系统安全等级保护备案表》，第三级以上信息系统应当同时提供以下材料。

(1) 系统拓扑结构及说明。(说明可以是对系统结构的简要说明。)

(2) 系统安全组织机构和管理制度。(安全组织机构包括机构名称、负责人、成员、职责分工等。管理制度包括安全管理规范、章程等。)

(3) 系统安全保护设施设计实施方案或者改建实施方案。(简要的安全建设、整改方案。)

(4) 系统使用的信息安全产品清单及其认证、销售许可证明。(主要信息安全产品的清单,确认有认证、销售许可标记。)

(5) 测评后符合系统安全保护等级的技术检测评估报告。(最近一次测评的简要的等级测评报告。)

(6) 信息系统安全保护等级专家评审意见。(评审意见表,附专家名单。)

(7) 主管部门审核批准信息系统安全保护等级的意见。(审批表,领导审批签字、盖章。)

填表方法:本表中有选择的地方应该在选项左侧"□"划"√",如选择"其他",应该在其后的横线中注明详细内容。具体如下。

备案表封面:填表封面中备案表编号(由受理备案的公安机关填写并校验):分两部分共 11 位,该编号与每一个备案单位一一对应。第一部分 6 位,为受理备案公安机关代码前 6 位(可参照行标 GA 380—2002)。其中前 4 位为受理备案的地市级公安机关代码的前 4 位,该代码可唯一确定一个受理备案的公安机关。后两位为受理备案的年份的后两位,如 2007 年的后两位为 07。第二部分 5 位,为受理备案的公安机关给出的备案单位的顺序编号。其中前两位为备案单位在备案表中所填的行业类别代码。如电信行业单位代码为 11,财政行业代码为 34,其他行业代码为 99。如果一个单位存在行业交叉的情况,则应确定一个为主的行业作为单位的行业类别。后三位为该行业备案单位备案的顺序号,如图 6-20 所示。各地可根据受理备案的先后顺序从小到大进行编写。此项内容统一由受理备案的公安机关填写。封面中备案单位:是指负责运营使用信息系统的法人单位全称。封面中受理备案单位:是指受理备案的公安机关公共信息网络安全监察部门名称。此项由受理备案的公安机关负责填写并盖章。

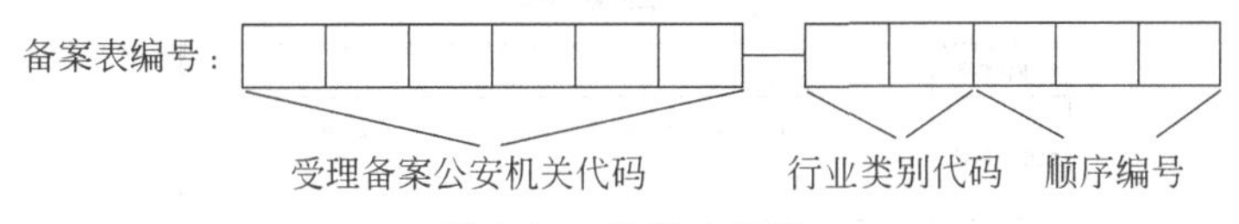

图 6-20 备案表编号

备案表表一:

04 行政区划代码:是指备案单位所在的地(区、市、州、盟)行政区划代码,该代码需与《中华人民共和国行政区划代码》(GB 2260—1995)一致。以北京市举例,标准 6 位地址码的构成如下:110000 北京市,110101 东城区 ……。

05 单位负责人:是指主管本单位信息安全工作的领导。

06 责任部门:是指单位内负责信息系统安全工作的部门,如果单位内的信息系统分别由不同的责任部门管理,则可以统一填写在表一的责任部门一栏中,或分别填写表一。

07 责任部门联系人:是指本单位开展信息安全等级保护工作的联系人。如果责任部门联系人有多个,则可以分别填写表一或均填写在表一责任部门联系人一栏中。

08 隶属关系:是指信息系统运营使用单位与上级行政机构的从属关系,须按照单位隶属关系代码(GB/T 12404—1997)填写,国家标准《单位隶属关系代码》(GB/T 12404—1997)分为:中央、省、市(地区)、县、街道、镇、乡、社区(居委会)、村民委员会和其他。

1. 各级政府(中央、省、地、县、乡、镇)、党委、人大、政协等机关的隶属关系填写本级。如:省政府的隶属关系填"省"。

2. 中央:包括人大常委会、政协常委会、中共中央、国务院直属机构和办事机构、各部委及其直属机构等。中央与地方双重领导的单位，以领导为主的一方来划分中央属或地方属。隶属于“中央”的单位所属的集体企业，隶属关系选“其他”，并在其后填写所隶属的单位名称；省属以下的企业（单位）所属的企业（单位），其隶属关系与企业（单位）本身的隶属关系一致。

3. 省：包括自治区、直辖市直属的行政管理单位。

4. 地区：包括自治州、盟、省辖市和直辖区直属的行政管理单位。

5. 县：包括地、州、盟辖市、省辖市辖区、自治县、自治旗、县级市直属的行政管理单位。

6. 街道：指经国务院批准设置的建制市的市区街道办事处等管理单位。

7. 镇：指经省、自治区、直辖市人民政府批准设置的建制镇政府所辖行政管理单位。

8. 乡：指乡一级政府及直属行政管理单位。

9. 其他：不隶属上述各级的企业（单位）选本栏。例如，无主管部门的单位、本省（自治区、直辖市）在外省（自治区、直辖市）的办事机构所开办的第三产业等单位等。

09 单位类型：党委机关是指隶属于各级中国共产党委员会及其所属专门部门。政府机关是指隶属于各级人民政府的部门或单位。

10 行业类别：该项为单选项。以单位主要从事的业务为依据进行选择，如公安院校，则应选择教育而非公安。

11 信息系统总数：是指本单位内所拥有的信息系统个数，包括第一级信息系统，因此，信息系统总数大于等于其右侧 4 项数量之和。

备案表表一如图 6-21 所示。

表一　单位基本情况

01单位名称					
02单位地址	______省（自治区、直辖市）______地（区、市、州、盟） ______县（区、市、旗）				
03邮政编码			04行政区划代码		
05单位负责人	姓　名		职务/职称		
	办公电话		电子邮件		
06责任部门					
07责任部门联系人	姓　名		职务/职称		
	办公电话		电子邮件		
	移动电话				
08隶属关系	□1 中央　□2 省（自治区、直辖市）　□3 地（区、市、州、盟） □4 县（区、市、旗）　□9 其他______				
09单位类型	□1 党委机关　□2 政府机关　□3 事业单位　□4 企业　□9 其他______				
10行业类别	□11 电信　□12 广电　□13 经营性公众互联网 □21 铁路　□22 银行　□23 海关　□24 税务 □25 民航　□26 电力　□27 证券　□28 保险 □31 国防科技工业　□32 公安　□33 人事劳动和社会保障　□34 财政 □35 审计　□36 商业贸易　□37 国土资源　□38 能源 □39 交通　□40 统计　□41 工商行政管理　□42 邮政 □43 教育　□44 文化　□45 卫生　□46 农业 □47 水利　□48 外交　□49 发展改革　□50 科技 □51 宣传　□52 质量监督检验检疫 □99 其他______				
11信息系统总数	个	12第二级信息系统数	个	13第三级信息系统数	个
		14第四级信息系统数	个	15第五级信息系统数	个

图 6-21　备案表表一

备案表表二：

01系统名称：是指信息系统进行立项建设或有明文规定的全称。

02系统编号：为5位，是由运营使用单位给出的本单位备案信息系统的编号，备案单位所属信息系统编号不能重复。

03系统承载业务情况：①业务类型：该项为单选项。是指信息系统所承载的主要业务。其中1生产作业是指：主要为完成本单位生产直接提供服务的。例如，供电局的核心系统。2指挥调度是指：主要用于本单位内进行指挥、调度等工作的。例如，双备份数字交换机SW-2000D数字触摸屏智能调度台，其中一键呼功能：调度台可通过单键快速、方便地控制、呼叫、转接所需的一个或多个分机，用单键强插或强拆内外线。3管理控制是指：主要进行管理工作的。4内部办公是指：主要为单位内部办公提供服务的。这类系统比较多，例如，OA办公系统很多单位都有。5公众服务是指：主要为社会公众提供服务的。这类系统比较多，例如，盈利性网站或者是企事业单位的门户网站。②业务描述：是指系统所承载业务的具体描述，主要包括系统所承载的业务信息包括哪些，信息系统的主要功能等。

04系统服务情况：①服务范围：该项为单选项。如果信息系统跨全国的所有省，则选择10全国，如果没有跨全国所有省，则选择11跨省，同时填写具体的跨省数。跨地(市、区)类似。②服务对象：该项为单选项。单位内部人员：是指仅为本单位内部人员服务。社会公众人员：是指为社会大众提供服务。两者均包括：是指既包括单位内部人员也包括社会公众人员。如果仅为某些特定人群服务，应选择其他，并填写具体服务的对象名称。

05系统网络平台：是指系统所处的网络环境和网络构架情况；①覆盖范围：该项为单选项。1局域网：信息系统所依托的网络结构是在某一区域内由多台计算机互联成的计算机组。"某一区域"指的是同一办公室、同一建筑物、同一公司和同一学校等。2城域网：是指该信息系统所依托的网络是一种大型的局域网，通常使用与局域网相似的技术。它可以覆盖一组邻近的公司办公室和一个城市，既可能是私有的也可能是公用的。比较常见的是一个城市的政府公务网、教育城域网等。3广域网：是指信息系统所依托的网络是一种跨越大的、地域性的计算机网络的集合。通常跨越省、市，甚至一个国家；如上述三个选项均不是，请选择其他，并在其后的横线中填写具体的网络覆盖范围类型名称。②网络性质：1业务专网：是指信息系统所依托的网络是单位为开展某项业务专门架设或租用专门线路构成的。2互联网：是指承载信息系统的网络是完全依托互联网(Internet)的。

06系统互连情况：该项为多选项。1与其他行业系统连接：是指该信息系统与本行业以外的其他行业的信息系统进行连接或共享数据。2与本行业其他单位系统连接：是指该信息系统与行业内其他单位的信息系统进行连接或共享数据。3与本单位其他系统连接：是指该信息系统与本单位内的其他信息系统进行连接。如果上述选项均不是，则选择其他，并在其后的横线中注明具体的互连情况。

07关键产品使用情况：国产品是指系统中该类产品的研制、生产单位是由中国公民、法人投资或者国家投资或者控股，在中华人民共和国境内具有独立的法人资格，产品的核心技术、关键部件具有我国自主知识产权。

(1) 产品类型：是指信息系统(包括网络)中使用的信息技术产品的类型，其中安全专用产品：是指根据《计算机信息系统安全专用产品检测和销售许可证管理办法》规定，用于保护计算机信息系统安全的专用硬件和软件产品，主要包括：扫描类产品(包括入侵检测、防御等产品)，防雷产品，防火墙，数据完整类(包括身份认证、访问控制、签章、指纹识别等)，网络安全(包括网吧安全管理、审计产品等)，病毒产品等。网络产品：是指除上述安全产品外的其他网络产品，主要包括：路由器、网关、网闸等。操作系统：是指管理计算机系统全部硬件、软件资源及数据资源，控制程序运行，改善人机界面，为其他应用软件提供支持等的，使计算机系统所有资源最大限度地发挥作用，为用户提供方便的、有效的、友善的服务界面的专用软件，常见的操作系统有 Windows 系列，Linux 系列，UNIX 系列等。数据库：是指帮助用户依照某种数据模型组织起来并存放数据的软件，这里主要指数据库软件。常见的数据库软件有 Oracle、Sybase、DB2、SQL Server、Access、MySQL、BD2 等。服务器：又叫主机。主要是为信息系统集中提供各种类型服务的主机。

(2) 数量：软件产品的数量按购买的套数算，不以实际安装的台数计算。硬件产品的数量以购买的台(件)数计算，如果没有则数量填 0。

(3) 使用国产品率：是指信息系统中使用国产的某类信息技术产品数量占使用该类信息技术产品总数量的比例。全部使用，是指该信息系统中使用的该类信息技术产品全都是国产品(品牌、型号等可以不同)。全部未使用，是指该信息系统中使用的该类信息技术产品全都不是国产品。部分使用率，是指当某类产品部分使用国产品时，国产品的使用率。以某类操作系统为例，如某信息系统的主机(服务器)上共使用了三套操作系统，其中微软操作系统两套，红旗操作系统一套，则该信息系统中使用操作系统的国产品率就是 33%(1/3)，再如某信息系统中共使用了 20 个路由器，其中 10 个国内产品，10 个国外产品，此外还使用了 20 个网关，其中 15 个国内产品，5 个国外产品，则该信息系统中使用网络产品的国产品率就是 62.5%(10+15/20+20)。国产品是指该类产品的研制、生产单位是由中国公民、法人投资或者国家投资或者控股，在中华人民共和国境内具有独立的法人资格，产品的核心技术、关键部件具有我国自主知识产权。

08 系统采用服务情况：是指信息系统在规划、设计、建设、运维、终止等生命周期的各个阶段采用的由供应商、组织机构或人员所执行的一系列的安全过程或任务。

(1) 服务类型。等级测评：是指依据等级保护测评标准对相应等级信息系统开展的标准符合性测评，测评完成后出具符合相应等级要求(符合《基本要求》)的测评报告，报公安机关备案；风险评估：是指信息安全风险评估。灾难恢复：是指将信息系统从灾难造成的故障或瘫痪状态恢复到可正常运行状态，并将其支持的业务功能从灾难造成的不正常状态恢复到可接受状态的活动和流程。应急响应：是指对影响计算机系统和网络安全的不当行为(事件)进行标识、记录、分类和处理，直到受影响的服务恢复正常运行的过程。系统集成：是指系统集成商使用硬件和软件资源来满足用户的特定需求的过程。安全咨询：是指为开展信息系统安全工作，由信息系统运营使用或主管部门发起的咨询工作。安全培训：是指为开展安全工作对相应人员进行的培训。如果在上述服务外还采用了其他服务，可以选其他，并在其后的横线中标明具体的内容。

(2) 服务责任方类型：是指提供服务的服务单位是属于本行业的，还是属于国内其他行业(单位)，还是国外服务商。国内服务商是指服务机构在我国境内注册成立，由中国公民、法人或国家投资的企事业单位。

09 等级测评单位名称：是指开展等级测评工作的测评单位的全称。

10 何时投入运行使用：是指信息系统正式投入运行使用的时间。试运行时间不算在内。

11 系统是否是分系统：分系统是指大系统分支应用的信息系统或完成大系统部分功能的信息系统。

12 上级系统名称：如果该信息系统是分系统，则需要填写该项。上级系统是指分系统所隶属或归属的信息系统。

备案表表二如图 6-22 所示。

表二（ / ）信息系统情况

<table>
<tr><td>01 系统名称</td><td colspan="4"></td><td>02 系统编号</td><td></td></tr>
<tr><td rowspan="2">03 系统承载业务情况</td><td>业务类型</td><td colspan="5">□1 生产作业　□2 指挥调度　□3 管理控制　□4 内部办公
□5 公众服务　□9 其他________</td></tr>
<tr><td>业务描述</td><td colspan="5"></td></tr>
<tr><td rowspan="2">04 系统服务情况</td><td>服务范围</td><td colspan="5">□10 全国　□11 跨省（区、市）跨____个
□20 全省（区、市）　□21 跨地（市、区）跨____个
□30 地（市、区）内
□99 其他____________</td></tr>
<tr><td>服务对象</td><td colspan="5">□1 单位内部人员　□2 社会公众人员　□3 两者均包括　□9 其他________</td></tr>
<tr><td rowspan="2">05 系统网络平台</td><td>覆盖范围</td><td colspan="5">□1 局域网　□2 城域网　□3 广域网　□9 其他________</td></tr>
<tr><td>网络性质</td><td colspan="5">□1 业务专网　□2 互联网　□9 其他_______</td></tr>
<tr><td>06 系统互联情况</td><td colspan="6">□1 与其他行业系统连接　□2 与本行业其他单位系统连接
□3 与本单位其他系统连接　□9 其他__________</td></tr>
<tr><td rowspan="8">07 关键产品使用情况</td><td rowspan="2">序号</td><td rowspan="2">产品类型</td><td rowspan="2">数量</td><td colspan="3">使用国产品率</td></tr>
<tr><td>全部使用</td><td>全部未使用</td><td>部分使用及使用率</td></tr>
<tr><td>1</td><td>安全专用产品</td><td></td><td>□</td><td>□</td><td>□　_____%</td></tr>
<tr><td>2</td><td>网络产品</td><td></td><td>□</td><td>□</td><td>□　_____%</td></tr>
<tr><td>3</td><td>操作系统</td><td></td><td>□</td><td>□</td><td>□　_____%</td></tr>
<tr><td>4</td><td>数据库</td><td></td><td>□</td><td>□</td><td>□　_____%</td></tr>
<tr><td>5</td><td>服务器</td><td></td><td>□</td><td>□</td><td>□　_____%</td></tr>
<tr><td>6</td><td>其他 _____</td><td></td><td>□</td><td>□</td><td>□　_____%</td></tr>
<tr><td rowspan="10">08 系统采用服务情况</td><td rowspan="2">序号</td><td colspan="2" rowspan="2">服务类型</td><td colspan="3">服务责任方类型</td></tr>
<tr><td>本行业（单位）</td><td>国内其他服务商</td><td>国外服务商</td></tr>
<tr><td>1</td><td>等级测评</td><td>□有□无</td><td>□</td><td>□</td><td>□</td></tr>
<tr><td>2</td><td>风险评估</td><td>□有□无</td><td>□</td><td>□</td><td>□</td></tr>
<tr><td>3</td><td>灾难恢复</td><td>□有□无</td><td>□</td><td>□</td><td>□</td></tr>
<tr><td>4</td><td>应急响应</td><td>□有□无</td><td>□</td><td>□</td><td>□</td></tr>
<tr><td>5</td><td>系统集成</td><td>□有□无</td><td>□</td><td>□</td><td>□</td></tr>
<tr><td>6</td><td>安全咨询</td><td>□有□无</td><td>□</td><td>□</td><td>□</td></tr>
<tr><td>7</td><td>安全培训</td><td>□有□无</td><td>□</td><td>□</td><td>□</td></tr>
<tr><td>8</td><td colspan="2">其他______</td><td>□</td><td>□</td><td>□</td></tr>
<tr><td>09 等级测评单位名称</td><td colspan="6"></td></tr>
<tr><td>10 何时投入运行使用</td><td colspan="6">年　月　日</td></tr>
<tr><td>11 系统是否是分系统</td><td colspan="6">□是　□否（如选择是请填下两项）</td></tr>
<tr><td>12 上级系统名称</td><td colspan="6"></td></tr>
<tr><td>13 上级系统所属单位名称</td><td colspan="6"></td></tr>
</table>

图 6-22　备案表表二

备案表表三：

01 确定业务信息安全保护等级：是指根据《定级指南》确定信息系统业务信息安全等级。

02 确定系统服务安全保护等级：是指根据《定级指南》确定信息系统服务安全等级。

03 信息系统安全保护等级：是指根据《定级指南》，信息系统最终的安全保护等级由业务信息安全等级和系统服务安全等级两个较高者确定。

05 专家评审情况：是指请专家对信息系统定级情况进行评审的情况。其中第四级以上信息系统须由国家信息安全保护等级专家评审委进行评审。

06 是否有主管部门：主管部门：是指本单位信息系统所承载业务的上级主管部门。只有该类主管部门对信息系统定级的准确与否具有发言权。如果业务主管部门不明确，也可以将本单位的上级行政主管部门作为其主管部门。如果业务主管部门和行政主管部门均不明确，则可以不填。一般而言，部委的主管部门就是其自身，省厅的主管部门也是其自身。

06 系统定级报告：是指依据《定级报告模板》编写的定级报告。所有信息系统均应该填写。

备案表表三如图 6-23 所示。

表三（ / ）信息系统定级情况

	损害客体及损害程度	级别
01确定业务信息安全保护等级	□仅对公民、法人和其他组织的合法权益造成损害	□第一级
	□对公民、法人和其他组织的合法权益造成严重损害 □对社会秩序和公共利益造成损害	□第二级
	□对社会秩序和公共利益造成严重损害 □对国家安全造成损害	□第三级
	□对社会秩序和公共利益造成特别严重损害 □对国家安全造成严重损害	□第四级
	□对国家安全造成特别严重损害	□第五级
02确定系统服务安全保护等级	□仅对公民、法人和其他组织的合法权益造成损害	□第一级
	□对公民、法人和其他组织的合法权益造成严重损害 □对社会秩序和公共利益造成损害	□第二级
	□对社会秩序和公共利益造成严重损害 □对国家安全造成损害	□第三级
	□对社会秩序和公共利益造成特别严重损害 □对国家安全造成严重损害	□第四级
	□对国家安全造成特别严重损害	□第五级
03信息系统安全保护等级	□第一级 □第二级 □第三级 □第四级 □第五级	
04定级时间	年 月 日	
05专家评审情况	□已评审 □未评审	
06是否有主管部门	□有 □无（如选择有请填下两项）	
07主管部门名称		
08主管部门审批定级情况	□已审批 □未审批	
09系统定级报告	□有 □无 附件名称＿＿＿＿	
填表人：	填表日期： 年 月 日	

备案审核民警：　　　　审核日期：　年　月　日

图 6-23　备案表表三

备案表表四：

01 系统拓扑结构及说明：是指信息系统中的服务器、工作站的网络配置和相互间的连接方式图及其说明。

02 系统安全组织机构及管理制度：是指根据《基本要求》进行系统整改后建立的信

息安全组织机构及管理制度。

03 系统安全保护设施设计实施方案或改建实施方案：是指根据信息系统所定安全保护等级与《基本要求》对相应等级的要求，制定的系统设计实施方案（新建系统）或改建实施方案（已有系统）。

04 系统使用的安全产品清单及认证、销售许可证明：是指该信息系统具体使用的信息安全产品名称、型号、数量、购置日期、生产单位、销售单位、是否取得计算机安全专用产品销售许可证、销售许可证号、在同类型（功能）产品中该产品的使用率等信息。

05 系统等级测评报告：是指由符合条件的等级测评单位根据信息系统确定的安全保护等级，依据《基本要求》、《测评准则》等标准对信息系统开展测评后出具的报告，提交公安机关备案的测评报告必须是测评合格的报告。

07 上级主管部门审批意见：是指上级主管部门对信息系统定级情况的审批意见。

备案表表四如图 6-24 所示。

表四（ / ）第三级以上信息系统提交材料情况

01 系统拓扑结构及说明	□有	□无	附件名称________
02 系统安全组织机构及管理制度	□有	□无	附件名称________
03 系统安全保护设施设计实施方案或改建实施方案	□有	□无	附件名称________
04 系统使用的安全产品清单及认证、销售许可证明	□有	□无	附件名称________
05 系统等级测评报告	□有	□无	附件名称________
06 专家评审情况	□有	□无	附件名称________
07 上级主管部门审批意见	□有	□无	附件名称________

图 6-24 备案表表四

6.6.4 备案审核

公安机关公共信息网络安全监察部门收到备案单位提交的备案材料后，对属于本级公安机关受理范围且备案材料齐全的，应当向备案单位出具《信息系统安全等级保护备案材料接收回执》（如图 6-25 所示）；备案材料不齐全的，应当当场或者在 5 日内一次性告知其补正内容；对不属于本级公安机关受理范围的，应当书面告知备案单位到有管辖权的公安机关办理。

接收备案材料后，公安机关公共信息网络安全监察部门应当对下列内容进行审核。

（1）备案材料填写是否完整，是否符合要求，其纸质材料和电子文档是否一致；

（2）信息系统所定安全保护等级是否准确。

审核详单如图 6-26 所示。

经审核，对符合等级保护要求的，公安机关公共信息网络安全监察部门应当自收到备案材料之日起的 10 个工作日内，将加盖本级公安机关印章（或等级保护专用章）的《备案表》一份反馈备案单位，一份存档；对不符合等级保护要求的，公安机关公共信息网络安全

接收材料回执编号：J–□□□□□

信息系统安全等级保护
备案材料接收回执

（存根）

备案类型：□初次备案　□变更备案　□其他________

备案单位：

备案单位联系人：　　　　　　联系电话：

材料数量：□表一 共 页 □表二 共 页 □表三 共 页

□ 表四 共 页 □附件 共 份 □电子数据

材料接受人：

接受日期：　　年　　月　　日

接收材料回执编号：J–□□□□□

信息系统安全等级保护
备案材料接收回执

________________：

我单位接收你单位提交的《信息系统安全等级保护备案表》

如下具体备案材料（备案日期　　年　月　日）：

□表一 共　页　□表二 共　页　□表三 共　页

□表四 共　页　□附件 共　份　□电子数据

我单位将自即日起的___日内，反馈备案审核结果。

接收人：

接收单位（盖章）

年　月　日

业务联系电话：　　　　　　　　网址：

图 6-25　信息系统安全等级保护备案材料接收回执

信息系统安全等级保护备案
审核详单

审核结果一	01 是否按要求填写《信息系统安全等级保护备案表》	是□　　否□
	02 是否提交《信息系统安全等级保护备案表》电子版	是□　　否□
审查结果二	03《信息系统安全等级保护备案表》内容是否完整	是□　　否□（如否请填写下项）
	1. 表　　第　　项内容不完整； 2. 表　　第　　项内容不完整； 3. 表　　第　　项内容不完整； 4. 表　　第　　项内容不完整； 5. 表　　第　　项内容不完整；	
	04《信息系统安全等级保护备案表》附件内容是否完整	是□　　否□（如否请填写下项）
	1. 附件　第　部分内容不完整； 2. 附件　第　部分内容不完整； 3. 附件　第　部分内容不完整； 4. 附件　第　部分内容不完整； 5. 附件　第　部分内容不完整；	
审核结果三	1、信息系统________安全保护等级定级不准确，建议重新审核确定系统安全保护等级； 2、信息系统________安全保护等级定级不准确，建议重新审核确定系统安全保护等级； 3、信息系统________安全保护等级定级不准确，建议重新审核确定系统安全保护等级； （可自行添加）	

图 6-26　审核详单

监察部门应当在 10 个工作日内通知备案单位进行整改，并出具《信息系统安全等级保护备案审核结果通知》。发现定级不准的，应当在收到备案材料之日起的 10 个工作日内通知备案单位重新审核确定。

运营、使用单位或者主管部门重新确定信息系统等级后，应当按照本办法向公安机关重新备案。

《备案表》中表一、表二、表三内容经审核合格的，公安机关公共信息网络安全监察部门应当出具《信息系统安全等级保护备案证明》(以下简称《备案证明》)。《备案证明》由公安部统一监制。备案证明编号分两部分共 16 位。第一部分 11 位，为单位备案表编号；第二部分 5 位，为备案单位填写的系统编号，如图 6-27 所示。信息系统安全等级保护备案证明如图 6-28 所示。

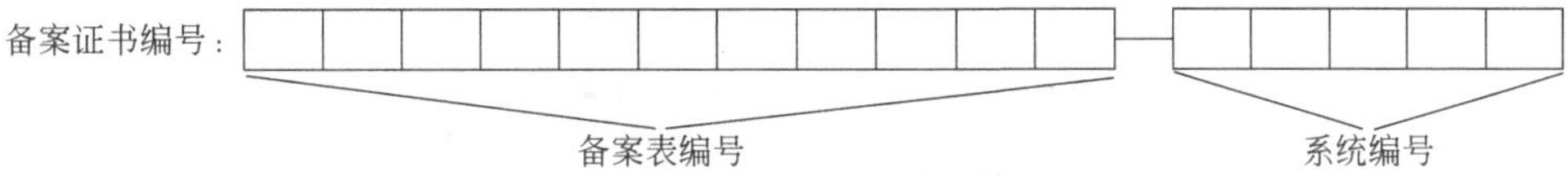

备案证书编号：

备案表编号　　系统编号

图 6-27　备案证书编号

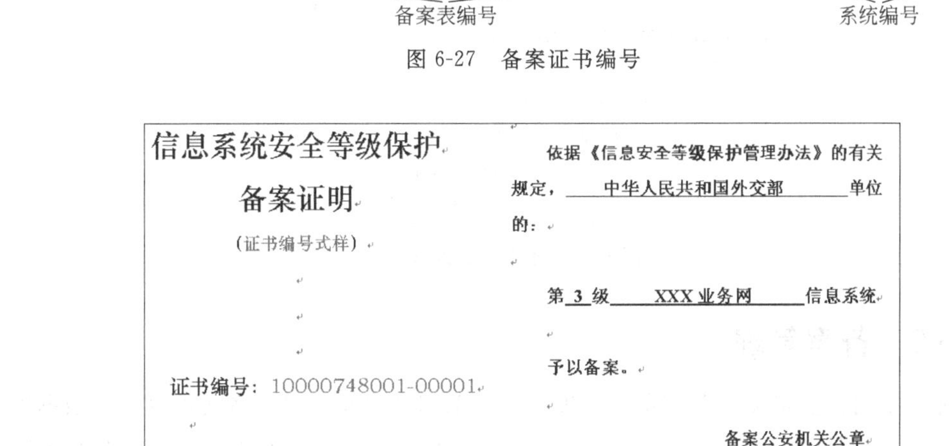

信息系统安全等级保护

备案证明

(证书编号式样)

证书编号：10000748001-00001

中华人民共和国公安部监制

依据《信息安全等级保护管理办法》的有关规定，中华人民共和国外交部单位的：

第 3 级 XXX 业务网信息系统

予以备案。

备案公安机关公章

2007 年 11 月 1 日

图 6-28　信息系统安全等级保护备案证明

公安机关公共信息网络安全监察部门对定级不准的备案单位，在通知整改的同时，应当建议备案单位组织专家进行重新定级评审，并报上级主管部门审批。

备案单位仍然坚持原定等级的，公安机关公共信息网络安全监察部门可以受理其备案，但应当书面告知其承担由此引发的责任和后果，经上级公安机关公共信息网络安全监察部门同意后，同时通报备案单位上级主管部门。

6.6.5　备案违规处罚

对拒不备案的信息系统的运营、使用单位，公安机关应当依据《中华人民共和国计算机信息系统安全保护条例》等其他有关法律、法规规定，责令限期整改。逾期仍不备案的，予以警告，并向其上级主管部门通报。向中央和国家机关通报的，应当报经公安部公共信息网络安全监察局同意。备案整改通知如图 6-29 所示。

备案整改通知编号：S—□□□□□

信息系统安全等级保护
备案审核结果通知

（存根）

备案类型：□初次备案 □变更备案 □其他________

备案单位：

备案单位联系人： 联系电话：

审核人：

审核日期： 年 月 日

备案整改通知编号：S—□□□□□

信息系统安全等级保护
备案审核结果通知

______________：

经对你单位提交的《信息系统安全等级保护备案表》（备案表编号________/______）进行审核，备案材料不符合要求，请你单位按照审核单中所列内容进行整改后，于____天内重新进行备案。

附：《信息系统安全等级保护备案审核详单》

审核人： 业务联系电话：

审核单位（盖章）

年 月 日

图 6-29 备案整改通知

6.6.6 备案管理

受理备案的公安机关公共信息网络安全保卫部门应当及时将备案文件录入到数据库管理系统，并定期逐级上传《备案表》中表一、表二、表三内容的电子数据。上传时间为每季度的第一天。

受理备案的公安机关公共信息网络安全保卫部门应当建立管理制度，对备案材料按照等级进行严格管理，严格遵守保密制度，未经批准不得对外提供查询。

公安机关公共信息网络安全保卫部门受理备案时不得收取任何费用。

6.7 信息系统安全建设整改与等级测评

6.7.1 信息系统安全建设整改

信息系统的安全保护等级确定后，运营、使用单位应当按照国家信息安全等级保护管理规范和技术标准，使用符合国家有关规定，满足信息系统安全保护等级需求的信息技术产品，开展信息系统安全建设或者改建工作。

在信息系统建设过程中，运营、使用单位应当按照《计算机信息系统安全保护等级划分准则》(GB 17859—1999)、《信息系统安全等级保护基本要求》等技术标准，参照《信息

安全技术 信息系统通用安全技术要求》(GB/T 20271—2006)、《信息安全技术 网络基础安全技术要求》(GB/T 20270—2006)、《信息安全技术 操作系统安全技术要求》(GB/T 20272—2006)、《信息安全技术 数据库管理系统安全技术要求》(GB/T 20273—2006)、《信息安全技术 服务器技术要求》、《信息安全技术 终端计算机系统安全等级技术要求》(GA/T 671—2006)等技术标准同步建设符合该等级要求的信息安全设施。

运营、使用单位应当参照《信息安全技术 信息系统安全管理要求》(GB/T 20269—2006)、《信息安全技术 信息系统安全工程管理要求》(GB/T 20282—2006)、《信息系统安全等级保护基本要求》等管理规范,制定并落实符合本系统安全保护等级要求的安全管理制度。

6.7.2 有关技术标准和管理标准的简要说明

信息安全等级保护工作涉及信息安全科学基础、系统建设、产品、测评、管理等多个方面工作。为保障全面实施信息安全等级保护制度,必须建立信息安全等级保护标准体系。经过公安部、国信安标委、标准编制企事业单位、有关专家等多方努力,多年攻关,目前,已基本形成了由五十多个国家标准和公共安全行业标准构成的比较完整的信息安全等级保护标准体系,基本能够满足国家信息安全等级保护制度全面实施的需求。

鉴于信息安全等级保护工作专业性、技术性较强,为此,《信息安全等级保护管理办法》第九条、第十二条、第十三条、第十四条规定了信息系统运营使用单位在等级保护工作中按照或参照国家、行业技术标准开展系统定级、建设、整改、测评等工作。鼓励重要行业根据行业特点制定等级保护行业标准。

(1)《计算机信息系统安全保护等级划分准则》(GB 17859—1999)是强制性国标,从技术法规角度对信息系统安全保护划分了 5 级。是开展等级保护工作的基础性标准,是信息安全等级保护系列标准编制、系统建设与管理、产品研发、监督检查的科学技术基础和依据。

(2)《信息系统安全等级保护实施指南》是信息系统安全等级保护实施的过程控制标准,规范了信息系统安全等级保护的实施各阶段内容和过程控制问题。

(3)《信息系统安全等级保护定级指南》是信息系统安全保护等级确定标准,属于管理规范,规范了信息系统安全保护等级的定级方法。

(4)《信息系统安全等级保护基本要求》(国标报批稿试用,全国信息安全标准化技术委员会文件 信安字[2007]12 号)。是以 GB 17859 为基础的分等级信息系统的安全建设和管理系列标准之一,是现阶段 5 个级别的信息系统的基本安全保护技术和管理要求,提出了各级信息系统应当具备的基本安全保护能力和技术与管理措施,该标准需与《信息安全技术 系统安全等级保护通用安全技术要求》GB/T 20271—2006《信息安全技术 操作系统安全技术要求》GB/T 20272—2006、《信息安全技术 操作系统安全评估准则》GB/T 20009—2005、《信息安全技术 数据库管理系统安全技术要求》GB/T 20273—2006、《信息安全技术 数据库管理系统安全评估准则》GB/T 20009—2005、《信息安全技术 网络基础安全技术要求》GB/T 20270—2006 等安全等级保护系列标准配合使用,规范、指导信息系统安全等级保护整改建设工作。

(5)《信息安全技术服务器安全技术要求》GB/T 20273—2006 和《信息安全技术 终端计算机系统技术要求》GA/T 672—2006 是信息系统关键设备安全等级保护标准，规范和解决信息系统主机和终端安全等级保护问题。

(6)《信息安全技术 系统安全等级防护工程管理要求》GB/T 20282—2006 是信息系统安全等级保护管理标准之一，规范信息系统安全等级保护方案技术集成和工程实施过程控制问题。《信息安全技术 系统安全等级保护管理要求》GB/T 20269—2006 是信息系统安全等级保护管理标准，规范信息系统生命周期的安全等级保护技术和相关人员问题的管理工作。《信息安全技术 系统安全等级保护测评准则》和《信息安全技术 系统安全等级保护测评指南》即将出台，规范了信息系统安全等级保护测评工作。

6.7.3 信息安全产品分等级使用管理

《信息安全等级保护管理办法》规定了第三级以上信息系统选择使用的信息安全产品条件，信息系统运营使用单位和主管部门按照所列条件，对安全产品的可信性、可靠性进行把关。公安机关对信息安全产品使用是否符合要求进行监督、检查。

《信息安全等级保护管理办法》第二十一条规定，第三级以上信息系统应当选择使用符合以下条件的信息安全产品。

(1) 产品研制、生产单位是由中国公民、法人投资或者国家投资或者控股的，在中华人民共和国境内具有独立的法人资格；

(2) 产品的核心技术、关键部件具有我国自主知识产权(具有专利证书或源代码)；

(3) 产品研制、生产单位及其主要业务、技术人员无犯罪记录(产品研制、生产单位的书面声明)；

(4) 产品研制、生产单位声明没有故意留有或者设置漏洞、后门、木马等程序和功能(产品研制、生产单位的书面声明)；

(5) 对国家安全、社会秩序、公共利益不构成危害(建议有关单位对产品进行专门技术检测)；

(6) 对已列入信息安全产品认证目录的，应当取得国家信息安全产品认证机构颁发的认证证书(中国信息安全认证中心会公布目录)。

6.7.4 等级测评和自查

1. 等级测评和自查要求

《信息安全等级保护管理办法》第十四条规定，信息系统建设完成后，运营、使用单位或者其主管部门应当选择符合本办法规定条件的测评机构，依据《信息系统安全等级保护测评要求》等技术标准，定期对信息系统安全等级状况开展等级测评。第三级信息系统应当每年至少进行一次等级测评，第四级信息系统应当每半年至少进行一次等级测评，第五级信息系统应当依据特殊安全需求进行等级测评。

信息系统运营、使用单位及其主管部门应当定期对信息系统安全状况、安全保护制度及措施的落实情况进行自查。第三级信息系统应当每年至少进行一次自查，第四级信息系统应当每半年至少进行一次自查，第五级信息系统应当依据特殊安全需求进行自查。

经测评或者自查，信息系统安全状况未达到安全保护等级要求的，运营、使用单位应当制定方案进行整改。

2. 等级测评机构管理

《信息安全等级保护管理办法》规定了第三级以上信息系统选择使用的等级测评机构的条件，信息系统运营使用单位和主管部门按照所列条件，对等级测评机构的可信性、可靠性进行把关。公安机关对等级测评是否符合要求进行监督、检查。

《信息安全等级保护管理办法》第二十二条规定，第三级以上信息系统应当选择符合下列条件的等级保护测评机构进行测评。

(1) 在中华人民共和国境内注册成立(港澳台地区除外)(测评机构企业营业执照)；

(2) 由中国公民投资、中国法人投资或者国家投资的企事业单位(港澳台地区除外)；

(3) 从事相关检测评估工作两年以上，无违法记录(测评机构书面声明)；

(4) 工作人员仅限于中国公民(测评机构书面声明)；

(5) 法人及主要业务、技术人员无犯罪记录(测评机构书面声明)；

(6) 使用的技术装备、设施应当符合本办法对信息安全产品的要求(测评机构书面声明)；

(7) 具有完备的保密管理、项目管理、质量管理、人员管理和培训教育等安全管理制度(测评机构书面材料)；

(8) 对国家安全、社会秩序、公共利益不构成威胁(测评机构书面声明)。

《信息安全等级保护管理办法》第二十三条规定，从事信息系统安全等级测评的机构，应当履行下列义务：

(1) 遵守国家有关法律法规和技术标准，提供安全、客观、公正的检测评估服务，保证测评的质量和效果；

(2) 保守在测评活动中知悉的国家秘密、商业秘密和个人隐私，防范测评风险；

(3) 对测评人员进行安全保密教育，与其签订安全保密责任书，规定应当履行的安全保密义务和承担的法律责任，并负责检查落实。

6.8 信息系统安全监督检查

6.8.1 监督检查的主要内容

公安机关、国家指定的专门部门应当对下列事项进行检查。

(1) 信息系统安全需求是否发生变化，原定保护等级是否准确；

(2) 运营、使用单位安全管理制度、措施的落实情况；

(3) 运营、使用单位及其主管部门对信息系统安全状况的检查情况；

(4) 系统安全等级测评是否符合要求；

(5) 信息安全产品使用是否符合要求；

(6) 信息系统安全整改情况；

(7) 备案材料与运营、使用单位、信息系统的符合情况；

(8) 其他应当进行监督检查的事项。

6.8.2 监督检查方式

《信息安全等级保护管理办法》第十八条规定,受理备案的公安机关应当对第三级、第四级信息系统的运营、使用单位的信息安全等级保护工作情况进行检查。对第三级信息系统每年至少检查一次,对第四级信息系统每半年至少检查一次。对跨省或者全国统一联网运行的信息系统的检查,应当会同其主管部门进行。对第五级信息系统,应当由国家指定的专门部门进行检查。

《信息安全等级保护管理办法》第二十条规定,公安机关检查发现信息系统安全保护状况不符合信息安全等级保护有关管理规范和技术标准的,应当向运营、使用单位发出整改通知。运营、使用单位应当根据整改通知要求,按照管理规范和技术标准进行整改。整改完成后,应当将整改报告向公安机关备案。必要时,公安机关可以对整改情况组织检查。

6.8.3 信息系统运营使用单位的配合

《信息安全等级保护管理办法》第十九条规定,信息系统运营、使用单位应当接受公安机关、国家指定的专门部门的安全监督、检查、指导,如实向公安机关、国家指定的专门部门提供下列有关信息安全保护的信息资料及数据文件。

(1) 信息系统备案事项变更情况;

(2) 安全组织、人员的变动情况;

(3) 信息安全管理制度、措施变更情况;

(4) 信息系统运行状况记录;

(5) 运营、使用单位及主管部门定期对信息系统安全状况的检查记录;

(6) 对信息系统开展等级测评的技术测评报告;

(7) 信息安全产品使用的变更情况;

(8) 信息安全事件应急预案,信息安全事件应急处置结果报告;

(9) 信息系统安全建设、整改结果报告。

6.8.4 对违反有关等级保护规定的处罚

(1) 第三级以上信息系统运营使用单位：未按《信息安全等级保护管理办法》规定备案、审批的;未按《信息安全等级保护管理办法》规定落实安全管理制度、措施的;未按《信息安全等级保护管理办法》规定开展系统安全状况检查的;未按《信息安全等级保护管理办法》规定开展系统安全技术测评的;接到整改通知后,拒不整改的;未按《信息安全等级保护管理办法》规定选择使用信息安全产品和测评机构的;未按《信息安全等级保护管理办法》规定如实提供有关文件和证明材料的;违反保密管理规定的;违反密码管理规定的;违反《信息安全等级保护管理办法》其他规定的。

(2) 信息安全监管部门及其工作人员。信息安全监管部门及其工作人员在履行监督管理职责中,玩忽职守、滥用职权、徇私舞弊。

(3) 处罚方式。公安机关、国家保密工作部门和国家密码工作管理部门按照职责分工责令第三级以上信息系统运营使用单位限期改正；逾期不改正的，给予警告，并向其上级主管部门通报情况，建议对其直接负责的主管人员和其他直接责任人员予以处理，并及时反馈处理结果。违反前述规定，造成严重损害的，由相关部门依照有关法律、法规予以处理。

对信息安全监管部门及其工作人员在履行监督管理职责中，玩忽职守、滥用职权、徇私舞弊的，依法给予行政处分；构成犯罪的，依法追究刑事责任。

习　　题

一、判断题

1. 《人民警察法》第 6 条第 12 款规定公安机关的人民警察依法“履行监督管理计算机信息系统的安全保护工作”职责。这是公安机关公共信息网络安全监察部门的法定职责和法律授权。（　）

2. 公安机关进行信息安全等级保护工作的内容有指导信息和信息系统的运营、使用单位按照等级保护的管理规范和技术标准科学定级；严格备案；监督检查。（　）

3. 公安机关进行信息安全等级保护工作的内容有指导信息和信息系统的运营、使用单位按照等级保护的管理规范和技术标准科学定级；严格备案；监督检查和制定信息安全等级标准。（　）

4. 公安机关进行信息安全等级保护工作的内容包括指导信息和信息系统的运营、使用单位按照等级保护的管理规范和技术标准科学定级。（　）

5. 严格备案是公安机关进行信息安全等级保护工作的内容之一。（　）

6. 监督检查是公安机关进行信息安全等级保护工作的一项内容。（　）

7. 1999 年，我国发布的第一个信息安全等级保护的国家标准 GB 17859—1999，提出将信息系统的安全等级划分为 7 个等级。（　）

8. 1999 年，我国发布的第一个信息安全等级保护的国家标准 GB 17859—1999，提出将信息系统的安全等级划分为 5 个等级。（　）

9. 1999 年，我国发布的第一个信息安全等级保护的国家标准 GB 17859—1999，提出将信息系统的安全等级划分为 4 类、7 个级别。（　）

10. 信息安全等级保护是指将信息系统分为 A、B、C、D4 个等级，并实行相应的安全保护措施。（　）

11. 信息安全等级保护是指对国家秘密信息及公民、法人和其他组织的专用信息以及公开信息和存储、传输、处理这些信息的信息系统分等级实行安全保护，对信息系统中使用的信息安全产品实行按等级管理，对信息系统中发生的信息安全事件分等级响应、处置。（　）

12. 信息安全等级保护由公安机关和互联网信息中心共同进行监督、检查、指导。（　）

13. 信息安全等级保护由公安机关进行监督、检查、指导。（　）

14. 建立账号使用登记和操作权限管理制度是信息系统的运营、使用单位应当履行

安全等级保护职责之一。 ( )

15. 落实信息安全等级保护的责任部门和人员，负责信息系统的安全等级保护管理工作是信息系统的运营、使用单位应当履行安全等级保护职责之一。 ( )

16. 建立健全安全等级保护管理制度是信息系统的运营、使用单位应当履行安全等级保护职责之一。 ( )

17. 落实安全等级保护技术标准要求是信息系统的运营、使用单位应当履行安全等级保护职责之一。 ( )

18. 定期进行安全状况检测和风险评估是信息系统的运营、使用单位应当履行安全等级保护职责之一。 ( )

19. 建立信息安全事件的等级响应、处置制度是信息系统的运营、使用单位应当履行安全等级保护职责之一。 ( )

20. 负责对信息系统用户的安全等级保护教育和培训是信息系统的运营、使用单位应当履行安全等级保护职责之一。 ( )

21. 第三级以上信息系统的运营、使用单位应当自系统投入运行之日起15日内，到所在地的公安机关指定的受理机构办理备案手续。 ( )

22. 第三级以上信息系统的运营、使用单位应当自系统投入运行之日起30日内，到所在地的公安机关指定的受理机构办理备案手续。 ( )

23. 备案事项发生变更时，信息系统的运营、使用单位或其主管部门应当自变更之日起60日内将变更情况报原备案机关。 ( )

24. 备案事项发生变更时，信息系统的运营、使用单位或其主管部门应当自变更之日起30日内将变更情况报原备案机关。 ( )

25. 目前，我国在对信息系统进行安全等级保护时，划分了专控保护级、强制保护级、监督保护级、指导保护级4个级别。 ( )

26. 目前，我国在对信息系统进行安全等级保护时，划分了专控保护级、强制保护级、监督保护级、指导保护级、自主保护级共5个级别。 ( )

27. 目前，我国在对信息系统进行安全等级保护时，划分了5个等级，即第一级为系统审计保护级；第二级为用户自主保护级；第三级为安全标记保护级；第四级为结构化保护级；第五级为访问验证保护级。 ( )

二、选择题

1. 下列( )不属于公安机关进行信息安全等级保护工作的内容。
   A. 指导信息和信息系统的运营、使用单位按照等级保护的管理规范和技术标准科学定级
   B. 制定信息安全等级标准
   C. 监督检查
   D. 严格备案

2. 1999年，我国发布的第一个信息安全等级保护的国家标准GB 17859—1999，提出将信息系统的安全等级划分为( )个等级。
   A. 5　　B. 6　　C. 7　　D. 8

3. 1999 年,我国发布的第一个信息安全等级保护的国家标准(　　),提出将信息系统的安全等级划分为 5 个等级。

A. GB 2312—1980　　B. GB 17859—1999
C. GB/T 18336—2001　　D. TCSEC

4. 信息安全等级保护由(　　)进行监督、检查、指导。

A. 公安机关　　B. 国务院信息化工作办公室
C. 中国互联网络信息中心　　D. 公安部

5. 下列(　　)不是信息系统的运营、使用单位应当履行的安全等级保护职责。

A. 落实信息安全等级保护的责任部门和人员,负责信息系统的安全等级保护管理工作
B. 建立健全安全等级保护管理制度
C. 落实安全等级保护技术标准要求
D. 定期进行安全状况检测和风险评估
E. 建立账号使用登记和操作权限管理制度
F. 负责对信息系统用户的安全等级保护教育和培训

6. 第三级以上信息系统的运营、使用单位应当自系统投入运行之日起(　　)日内,到所在地的公安机关指定的受理机构办理备案手续。

A. 30　　B. 60　　C. 90　　D. 120

7. 备案事项发生变更时,信息系统的运营、使用单位或其主管部门应当自变更之日起(　　)日内将变更情况报原备案机关。

A. 30　　B. 60　　C. 90　　D. 120

8. 下列(　　)不是目前我国在对信息系统进行安全等级保护时划分的级别。

A. 专控保护级　　B. 强制保护级　　C. 监督保护级　　D. 认证保护级

9. 下列(　　)属于公安机关进行信息安全等级保护工作的内容。

A. 指导信息和信息系统的运营、使用单位按照等级保护的管理规范和技术标准科学定级
B. 制定信息安全等级标准
C. 监督检查
D. 严格备案

10. 信息安全等级保护由公安机关进行(　　)。

A. 制定　　B. 监督　　C. 检查　　D. 指导

11. 信息系统的运营、使用单位应当履行(　　)安全等级保护职责。

A. 落实信息安全等级保护的责任部门和人员,负责信息系统的安全等级保护管理工作
B. 建立健全安全等级保护管理制度
C. 落实安全等级保护技术标准要求
D. 定期进行安全状况检测和风险评估

E. 建立信息安全事件的等级响应、处置制度

F. 负责对信息系统用户的安全等级保护教育和培训

12. 目前，我国在对信息系统进行安全等级保护时，划分了的级别包括(　　)。

A. 自主保护级　B. 指导保护级　C. 结构化保护级　D. 监督保护级

E. 强制保护级　F. 专控保护级

第7章 计算机病毒防护

7.1 计算机病毒概述

7.1.1 计算机病毒概念

计算机病毒，是指编制或者在计算机程序中插入的破坏计算机功能或者毁坏数据，影响计算机使用，并能自我复制的一组计算机指令或者程序代码。

媒体，是指计算机硬盘、磁带、光盘等。

7.1.2 计算机病毒的类型

1. 按寄生方式分为引导型病毒、文件型病毒和复合型病毒

引导型病毒是指寄生在磁盘引导区或主引导区的计算机病毒。此种病毒利用系统引导时，不对主引导区的内容正确与否进行判别的缺点，在引导型系统的过程中侵入系统，驻留内存，监视系统运行，待机传染和破坏。按照引导型病毒在硬盘上的寄生位置又可细分为主引导记录病毒和分区引导记录病毒。主引导记录病毒感染硬盘的主引导区，如大麻病毒、2708病毒、火炬病毒等；分区引导记录病毒感染硬盘的活动分区引导记录，如小球病毒、Girl病毒等。

文件型病毒是指能够寄生在文件中的计算机病毒。这类病毒程序感染可执行文件或数据文件。如1575/1591病毒、848病毒感染.COM和.EXE等可执行文件；Macro/Concept、Macro/Atoms等宏病毒感染.DOC文件。

复合型病毒是指具有引导型病毒和文件型病毒寄生方式的计算机病毒。这种病毒扩大了病毒程序的传染途径，它既感染磁盘的引导记录，又感染可执行文件。当染有此种病毒的磁盘用于引导系统或调用执行染毒文件时，病毒都会被激活。因此在检测、清除复合型病毒时，必须全面彻底地根治，如果只发现该病毒的一个特性，把它只当作引导型或文件型病毒进行清除。虽然好像是清除了，但还留有隐患，这种经过消毒后的“洁净”系统更赋有攻击性。这种病毒有Flip病毒、新世纪病毒、One-half病毒等。

2. 按破坏性分为良性病毒和恶性病毒

良性病毒是指那些只是为了表现自身，并不彻底破坏系统和数据，但会大量占用CPU时间，增加系统开销，降低系统工作效率的一类计算机病毒。这种病毒多数是恶作剧者的产物，他们的目的不是为了破坏系统和数据，而是为了让使用染有病毒的计算机用

户通过显示器或扬声器看到或听到病毒设计者的编程技术。这类病毒有小球病毒、1575/1591病毒、救护车病毒、扬基病毒、Dabi病毒等。还有一些人利用病毒的这些特点宣传自己的政治观点和主张。也有一些病毒设计者在其编制的病毒发作时进行人身攻击。

恶性病毒是指那些一旦发作后，就会破坏系统或数据，造成计算机系统瘫痪的一类计算机病毒。这类病毒有黑色星期五病毒、火炬病毒、米开朗·基罗病毒等。这种病毒危害性极大，有些病毒发作后可以给用户造成不可挽回的损失。[①]

7.1.3 计算机病毒的特点

1. 繁殖性

计算机病毒可以像生物病毒一样进行繁殖，当正常程序运行的时候，它也进行运行自身复制，是否具有繁殖、感染的特征是判断某段程序为计算机病毒的首要条件。

2. 传染性

计算机病毒不但本身具有破坏性，更有害的是具有传染性，一旦病毒被复制或产生变种，其速度之快令人难以预防。计算机病毒通过各种渠道从已被感染的计算机扩散到未被感染的计算机，在某些情况下造成被感染的计算机工作失常甚至瘫痪。计算机病毒是一段人为编制的计算机程序代码，这段程序代码一旦进入计算机并得以执行，它就会搜寻其他符合其传染条件的程序或存储介质，确定目标后再将自身代码插入其中，达到自我繁殖的目的。只要一台计算机染毒，如不及时处理，那么病毒会在这台计算机上迅速扩散，计算机病毒可通过各种可能的渠道，如硬盘、移动硬盘、计算机网络去传染其他的计算机。在一台机器上发现了病毒时，往往曾在这台计算机上用过的硬盘已感染上了病毒，而与这台机器相联网的其他计算机也许也被该病毒染上了。是否具有传染性是判别一个程序是否为计算机病毒的最重要条件。

3. 潜伏性

有些病毒像定时炸弹一样，让它什么时间发作是预先设计好的。比如黑色星期五病毒，不到预定时间一点都觉察不出来，等到条件具备的时候一下子就爆炸开来，对系统进行破坏。一个编制精巧的计算机病毒程序，进入系统之后一般不会马上发作，因此病毒可以静静地躲在磁盘或磁带里呆上几天，甚至几年，一旦时机成熟，得到运行机会，就要四处繁殖、扩散，继续危害。潜伏性的第二种表现是指，计算机病毒的内部往往有一种触发机制，不满足触发条件时，计算机病毒除了传染外不做什么破坏。触发条件一旦得到满足，有的在屏幕上显示信息、图形或特殊标识，有的则执行破坏系统的操作，如格式化磁盘、删除磁盘文件、对数据文件做加密、封锁键盘以及使系统死锁等。

4. 隐蔽性

计算机病毒具有很强的隐蔽性，有的可以通过病毒软件检查出来，有的根本就查不出来，有的时隐时现、变化无常，这类病毒处理起来通常很困难。

---

① 常见问题——计算机病毒的分类. http://www.antivirus-china.org.cn/faq/faq3.htm.

5. 破坏性

计算机中毒后，可能会导致正常的程序无法运行，把计算机内的文件删除或受到不同程度的损坏。通常表现为：增、删、改、移。

6. 可触发性

病毒因某个事件或数值的出现，诱使病毒实施感染或进行攻击的特性称为可触发性。为了隐蔽自己，病毒必须潜伏，少做动作。如果完全不动，一直潜伏，病毒既不能感染也不能进行破坏，便失去了杀伤力。病毒既要隐蔽又要维持杀伤力，它必须具有可触发性。病毒的触发机制就是用来控制感染和破坏动作的频率的。病毒具有预定的触发条件，这些条件可能是时间、日期、文件类型或某些特定数据等。病毒运行时，触发机制检查预定条件是否满足，如果满足，启动感染或破坏动作，使病毒进行感染或攻击；如果不满足，使病毒继续潜伏。[①]

7.2 计算机病毒的防护

1. 计算机病毒的防护要求

任何单位和个人不得制作计算机病毒，并不得有下列传播计算机病毒的行为。

(1) 故意输入计算机病毒，危害计算机信息系统安全；

(2) 向他人提供含有计算机病毒的文件、软件、媒体；

(3) 销售、出租、附赠含有计算机病毒的媒体；

(4) 其他传播计算机病毒的行为。

任何单位和个人不得向社会发布虚假的计算机病毒疫情。

2. 计算机病毒样本的管理

从事计算机病毒防治产品生产的单位，应当及时向公安部公共信息网络安全监察部门批准的计算机病毒防治产品检测机构提交病毒样本。

计算机病毒防治产品检测机构应当对提交的病毒样本及时进行分析、确认，并将确认结果上报公安部公共信息网络安全监察部门。

3. 计算机病毒的认定

对计算机病毒的认定工作，由公安部公共信息网络安全监察部门批准的机构承担。

4. 计算机信息系统使用单位的管理

计算机信息系统的使用单位在计算机病毒防治工作中应当履行下列职责。

(1) 建立本单位的计算机病毒防治管理制度；

(2) 采取计算机病毒安全技术防治措施；

(3) 对本单位计算机信息系统使用人员进行计算机病毒防治教育和培训；

---

① 计算机病毒. http://baike.baidu.com/view/5339.htm.

(4) 及时检测、清除计算机信息系统中的计算机病毒,并备有检测、清除的记录;

(5) 使用具有计算机信息系统安全专用产品销售许可证的计算机病毒防治产品;

(6) 对因计算机病毒引起的计算机信息系统瘫痪、程序和数据严重破坏等重大事故及时向公安机关报告,并保护现场。

任何单位和个人在从计算机信息网络上下载程序、数据或者购置、维修、借入计算机设备时,应当进行计算机病毒检测。

5. 计算机病毒防治产品的管理

任何单位和个人销售、附赠的计算机病毒防治产品,应当具有计算机信息系统安全专用产品销售许可证,并贴有"销售许可"标记。

从事计算机设备或者媒体生产、销售、出租、维修行业的单位和个人,应当对计算机设备或者媒体进行计算机病毒检测、清除工作,并备有检测、清除的记录。任何单位和个人应当接受公安机关对计算机病毒防治工作的监督、检查和指导。

7.3 计算机病毒安全管理的处理方法

(1)《计算机病毒防治管理办法》第十六条规定:在非经营活动中有违反本办法第五条、第六条第二、三、四项规定行为之一的,由公安机关处以一千元以下罚款。

在经营活动中有违反本办法第五条、第六条第二、三、四项规定行为之一,没有违法所得的,由公安机关对单位处以一万元以下罚款,对个人处以五千元以下罚款;有违法所得的,处以违法所得三倍以下罚款,但是最高不得超过三万元。违反本办法第六条第一项规定的,依照《中华人民共和国计算机信息系统安全保护条例》第二十三条的规定处罚。

(2)《计算机病毒防治管理办法》第十七条规定:违反本办法第七条、第八条规定行为之一的,由公安机关对单位处以一千元以下罚款,对单位直接负责的主管人员和直接责任人员处以五百元以下罚款;对个人处以五百元以下罚款。

(3)《计算机病毒防治管理办法》第十八条规定:违反本办法第九条规定的,由公安机关处以警告,并责令其限期改正;逾期不改正的,取消其计算机病毒防治产品检测机构的检测资格。

(4)《计算机病毒防治管理办法》第十九条规定:计算机信息系统的使用单位有下列行为之一的,由公安机关处以警告,并根据情况责令其限期改正;逾期不改正的,对单位处以一千元以下罚款,对单位直接负责的主管人员和直接责任人员处以五百元以下罚款。

① 未建立本单位计算机病毒防治管理制度的;

② 未采取计算机病毒安全技术防治措施的;

③ 未对本单位计算机信息系统使用人员进行计算机病毒防治教育和培训的;

④ 未及时检测、清除计算机信息系统中的计算机病毒,对计算机信息系统造成危害的;

⑤ 未使用具有计算机信息系统安全专用产品销售许可证的计算机病毒防治产品,对计算机信息系统造成危害的。

(5)《计算机病毒防治管理办法》第二十条规定:违反本办法第十四条规定,没有违法所得的,由公安机关对单位处以一万元以下罚款,对个人处以五千元以下罚款;有违法所得的，处以违法所得三倍以下罚款，但是最高不得超过三万元。第二十一条：本办法所称计算机病毒疫情，是指某种计算机病毒爆发、流行的时间、范围、破坏特点、破坏后果等情况的报告或者预报。

习　题

一、判断题

1. 使用具有计算机信息系统安全专用产品销售许可证的计算机病毒防治产品是计算机信息系统的使用单位在计算机病毒防治工作中应当履行的职责之一。（　）

2. 安全专用产品的生产者申领销售许可证，应当向公安部计算机管理监察部门提交的材料有：营业执照(复印件)；安全专用产品检测结果报告；防治计算机病毒的安全专用产品须提交公安机关颁发的计算机病毒防治研究的备案证明。（　）

3. 安全专用产品的生产者申领销售许可证，应当向公安部计算机管理监察部门提交的材料有：营业执照(复印件)；防治计算机病毒的安全专用产品须提交公安机关颁发的计算机病毒防治研究的备案证明。（　）

4. 当安全专用产品的功能发生改变时，可以不需要重新申领销售许可证。（　）

5. 当安全专用产品的功能发生改变时，必须重新申领销售许可证。（　）

6. 国家对计算机信息系统安全专用产品的销售实行许可证制度。（　）

7. 国家对计算机信息系统安全专用产品的销售实行备案制度。（　）

8. 使用具有计算机信息系统安全专用产品销售许可证的计算机病毒防治产品是计算机信息系统的使用单位在计算机病毒防治工作中应当履行的职责之一。（　）

9. 安全专用产品的生产者申领销售许可证，应当向公安部计算机管理监察部门提交的材料有：营业执照(复印件)；安全专用产品检测结果报告；防治计算机病毒的安全专用产品须提交公安机关颁发的计算机病毒防治研究的备案证明。（　）

10. 安全专用产品的生产者申领销售许可证，应当向公安部计算机管理监察部门提交的材料有：营业执照(复印件)；防治计算机病毒的安全专用产品须提交公安机关颁发的计算机病毒防治研究的备案证明。（　）

二、选择题

1. 当安全专用产品的功能发生改变时，(　　)重新申领销售许可证。

A. 必须　　B. 可以　　C. 不需要　　D. 以上都不对

2. 国家对计算机信息系统安全专用产品的销售实行(　　)。

A. 备案制度　　B. 特惠制度　　C. 许可证制度　　D. 审批制度

3. 安全专用产品的生产者申领销售许可证，应当向公安部计算机管理监察部门提交的材料有(　　)。

A. 营业执照(复印件)

B. 安全专用产品检测结果报告

C. 防治计算机病毒的安全专用产品须提交公安机关颁发的计算机病毒防治研究的备案证明

D. 由公安机关发放的许可证

第8章 计算机信息系统安全专用产品安全管理

8.1 计算机信息系统安全专用产品概述

计算机信息系统(Computer Information System)是指由计算机及其相关的和配套的设备、设施(含网络)构成的,按照一定的应用目标和规则对信息进行采集、加工、存储、传输、检索等处理的人机系统。

计算机信息系统安全专用产品(Security Products for Computer Information Systems)是指用于保护计算机信息系统安全的专用硬件和软件产品。

实体安全(Physical Security)是指保护计算机设备、设施(含网络)以及其他媒体免遭地震、水灾、火灾、有害气体和其他环境事故(如电磁污染等)破坏的措施、过程。

运行安全(Operation Security)是指为保障系统功能的安全实现,提供一套安全措施(如风险分析,审计跟踪,备份与恢复,应急等)来保护信息处理过程的安全。

信息安全(Information Security)是指防止信息财产被故意地或偶然地非授权泄漏、更改、破坏或使信息被非法的系统辨识,控制。即确保信息的完整性、保密性、可用性和可控性。

黑客(Hacker)是指对计算机信息系统进行非授权访问的人员。

应急计划(Contingency Plan)是指在紧急状态下,使系统能够尽量完成原定任务的计划。

证书授权(Certificate Authority)是指通过证书的形式证明实体(如用户身份,用户的公开密钥等)的真实性。

安全操作系统(Secure Operation System)是指为所管理的数据和资源提供相应的安全保护,而有效控制硬件和软件功能的操作系统。

访问控制(Access Control)是指对主体访问客体的权限或能力的限制,以及限制进入物理区域(出入控制)和限制使用计算机系统和计算机存储数据的过程(存取控制)。

防火墙(Fire Wall)是指设置在两个或多个网络之间的安全阻隔,用于保证本地网络资源的安全,通常是包含软件部分和硬件部分的一个系统或多个系统的组合。

计算机病毒(Computer Virus)是指编制或者在计算机程序中插入的破坏计算机功能或者毁坏数据、影响计算机使用、并能自我复制的一组计算机指令或程序代码。

8.2 计算机信息系统安全专用产品的分类

8.2.1 计算机信息系统安全专用产品的分类原则

为了保证分类体系的科学性，遵循如下原则：①适度的前瞻性；②标准的可操作性；③分类体系的完整性；④与传统的兼容性；⑤按产品功能分类。

8.2.2 计算机信息系统安全专用产品的分类

保护计算机信息系统安全专用产品，涉及实体安全、运行安全和信息安全三个方面。实体安全包括环境安全，设备安全和媒体安全三个方面。运行安全包括风险分析、审计跟踪、备份与恢复、应急 4 个方面。信息安全包括操作系统安全、数据库安全、网络安全、病毒防护、访问控制、加密与鉴别 7 个方面。

8.2.3 各类计算机信息系统安全专用产品的功能

1. 实体安全

环境安全产品提供对计算机信息系统所在环境的安全保护，主要包括受灾防护和区域防护。

受灾防护产品提供受灾报警、受灾保护和受灾恢复等功能，目的是保护计算机信息系统免受水、火、有害气体、地震、雷击和静电的危害。受灾防护产品的安全功能可归纳为三个方面：①灾难发生前，对灾难的检测和报警；②灾难发生时，对正遭受破坏的计算机信息系统，采取紧急措施，进行现场实时保护；③灾难发生后，对已经遭受某种破坏的计算机信息系统进行灾后恢复。

受灾恢复计划辅助软件产品为制订受灾难恢复计划提供计算机辅助，它主要是以受灾恢复计划辅助软件的形式提供。受灾恢复计划辅助软件产品的安全功能可归纳为三个方面：①灾难发生时的影响分析；② 受灾恢复计划的概要设计或详细制订；③受灾恢复计划的测试与完善。

区域防护产品对特定区域提供某种形式的保护和隔离。区域防护产品的安全功能可归纳为两个方面：①静止区域保护，如通过电子手段（如红外扫描等）或其他手段对特定区域（如机房等）进行某种形式的保护（如监测和控制等）；②活动区域保护，对活动区域（如活动机房等）进行某种形式的保护。

设备安全产品提供对计算机信息系统设备的安全保护。它主要包括设备的防盗和防毁，防止电磁信息泄漏，防止线路截获，抗电磁干扰以及电源保护等 6 个方面。

设备防盗产品提供对计算机信息系统设备的防盗保护。设备防盗产品所提供的安全功能可归纳为：使用一定的防盗手段（如移动报警器、数字探测报警和部件上锁）用于计算机信息系统设备和部件，以提高计算机信息系统设备和部件的安全性。

设备防毁产品提供对计算机信息系统设备的防毁保护。设备防毁产品所提供的安全功能可归纳为两个方面：①对抗自然力的破坏，使用一定的防毁措施（如接地保护等）保护计算机信息系统设备和部件；②对抗人为的破坏，使用一定的防毁措施（如防砸外壳）保护计算机信息系统设备和部件。

防止电磁信息泄漏产品用于防止计算机信息系统中的电磁信息的泄漏，从而提高系统内敏感信息的安全性。如防止电磁信息泄漏的各种涂料、材料和设备等。防止电磁信息泄漏产品所提供的安全功能可归纳为三个方面：①防止电磁信息的泄漏（如屏蔽室等防止电磁辐射引起的信息泄漏）；②干扰泄漏的电磁信息（如利用电磁干扰对泄漏的电磁信息进行置乱）；③吸收泄漏的电磁信息（如通过特殊材料/涂料等吸收泄漏的电磁信息）。

防止线路截获产品用于防止对计算机信息系统通信线路的截获和外界对计算机信息系统的通信线路的干扰。防止线路截获产品的安全功能可归纳为4个方面：①预防线路截获，使线路截获设备无法正常工作；②探测线路截获，发现线路截获并报警；③定位线路截获，发现线路截获设备工作的位置；④对抗线路截获，阻止线路截获设备的有效使用。

抗电磁干扰产品用于防止对计算机信息系统的电磁干扰，从而保护系统内部的信息。抗电磁干扰产品的安全功能可归纳为两个方面：①对抗外界对系统的电磁干扰；②消除来自系统内部的电磁干扰。

电源保护产品为计算机信息系统设备的可靠运行提供能源保障，例如不间断电源、纹波抑制器、电源调节软件等都属于本类。电源保护产品的安全功能可归纳为两个方面：①对工作电源的工作连续性的保护，如不间断电源；②对工作电源的工作稳定性的保护，如纹波抑制器。

媒体安全产品提供对媒体数据和媒体本身的安全保护。媒体的安全产品提供对媒体的安全保管，目的是保护存储在媒体上的信息。媒体的安全产品的安全功能可归纳为两个方面：①媒体的防盗；②媒体的防毁，如防霉和防砸等。媒体数据的安全产品提供对媒体数据的保护。媒体数据的安全删除和媒体的安全销毁是为了防止被删除的或者被销毁的敏感数据被他人恢复。媒体数据的安全产品的安全功能可归纳为三个方面：①媒体数据的防盗，如防止媒体数据被非法复制；②媒体数据的销毁，包括媒体的物理销毁（如媒体粉碎等）和媒体数据的彻底销毁（如消磁等），防止媒体数据删除或销毁后被他人恢复而泄漏信息；③媒体数据的防毁，防止意外或故意的破坏使媒体数据的丢失。

2. 运行安全

风险分析产品提供对计算机信息系统进行人工或自动的风险分析。它首先是对系统进行静态的分析（尤指系统设计前和系统运行前的风险分析），旨在发现系统的潜在安全隐患；其次是对系统进行动态的分析，即在系统运行过程中测试、跟踪并记录其活动，旨在发现系统运行期的安全漏洞；最后是系统运行后的分析，并提供相应的系统脆弱性分析报告。运行安全产品的安全功能可归纳为4个方面：①系统设计前的风险分析。通过分析系统固有的脆弱性，旨在发现系统设计前潜在的安全隐患。②系统试运行前的风险分析。根据系统试运行期的运行状态和结果，分析系统的潜在安全隐患，旨在发现系统设计的安全漏洞。③系统运行期的风险分析。提供系统运行记录，跟踪系统状态的变化，分析系统运行期的安全隐患，旨在发现系统运行期的安全漏洞，并及时通告安全管理员。④系统运行后的风险分析。分析系统运行记录，旨在发现系统的安全隐患，为改进系统的安全性提供分析报告。

审计跟踪产品对计算机信息系统进行人工或自动的审计跟踪、保存审计记录和维护详尽的审计日志。审计跟踪产品的安全功能可归纳为三个方面：①记录和跟踪各种系统状态的变化，如提供对系统故意入侵行为的记录和对系统安全功能违反的记录；②实现对各种安全事故的定位，如监控和捕捉各种安全事件；③保存、维护和管理审计日志。

备份与恢复产品提供对系统设备和系统数据的备份与恢复，对系统数据的备份和恢复可以使用多种介质(如磁介质、纸介质、光碟、缩微载体等)。备份与恢复产品的安全功能可归纳为三个方面：①提供场点内高速度、大容量自动的数据存储、备份和恢复；②提供场点外的数据存储、备份和恢复，如通过专用安全记录存储设施对系统内的主要数据进行备份；③提供对系统设备的备份。

应急产品提供紧急事件或安全事故发生时，保障计算机信息系统继续运行或紧急恢复所需要的一类产品，如应急计划辅助软件和应急设施两个方面。应急计划辅助软件产品为制订应急计划提供计算机辅助，它主要是以应急计划辅助软件的形式提供。应急计划辅助软件产品的安全功能可归纳为三个方面：①紧急事件或安全事故发生时的影响分析；②应急计划的概要设计或详细制订；③应急计划的测试与完善。应急设施产品提供紧急事件或安全事故发生时，计算机信息系统实施应急计划所需要的一类产品，它包括实时应急设施、非实时应急设施等。这些设施一般由专门厂商提供。实时应急设施、非实时应急设施的区别主要表现在对紧急事件发生时的响应时间长短上。应急设施产品的安全功能可归纳为两个方面：①提供实时应急设施，实现应急计划，保障计算机信息系统的正常安全运行；②提供非实时应急设施，实现应急计划。

3. 信息安全

操作系统安全产品提供对计算机信息系统的硬件和软件资源的有效控制，能够为所管理的资源提供相应的安全保护。它们或是以底层操作系统所提供的安全机制为基础构造安全模块，或者完全取代底层操作系统，目的是为建立安全信息系统提供一个可信的安全平台。安全操作系统产品是安全操作系统，是指从系统设计、实现和使用等各个阶段都遵循了一套完整的安全策略的操作系统。操作系统安全部件产品是操作系统安全部件，目的是增强现有操作系统的安全性。操作系统安全部件产品的安全功能可归纳为两个方面：①通过构造安全模块，增强现有操作系统的安全性；②通过构造安全外罩，增强现有操作系统的安全性。

数据库安全产品对数据库系统所管理的数据和资源提供安全保护。它一般采用多种安全机制与操作系统相结合，实现数据库的安全保护。安全数据库系统产品是安全数据库系统，即从系统设计、实现、使用和管理等各个阶段都遵循一套完整的系统安全策略的安全数据库系统。数据库系统安全部件产品是数据库系统安全部件，是以现有数据库系统所提供的功能为基础构造安全模块，旨在增强现有数据库系统的安全性。数据库系统安全部件产品的安全功能可归纳为两个方面：①通过构造安全模块，增强现有数据库系统的安全性；②通过构造安全外罩，增强现有数据库系统的安全性。

网络安全产品提供访问网络资源或使用网络服务的安全保护。网络安全管理产品为网络的使用提供安全管理。网络安全管理产品的安全功能可归纳为4个方面：①帮助协调网络的使用，预防安全事故的发生；②跟踪并记录网络的使用，监测系统状态的变化，如提供对网络系统故意入侵行为的记录和对违反网络系统安全管理行为的记录；③实现对各种网络安全事故的定位，探测网络安全事件发生的确切位置；④提供某种程度的对紧急事件或安全事故的故障排除能力。安全网络系统产品对网络资源的访问和网络服务的使用提供一套完整的安全保护。本类产品是安全网络系统，即从网络系统的设计、实现、使用和管理各个阶段遵循一套完整的安全策略的网络系统。网络系统安全部件产品是网络系统安全部件，是对网络系统的某个过程、部分或服务提供安全保护，旨在增强整个网络系统的安全性。网络系统安全部件产品的安全功能可归纳为三个方面：①对网络资源访问的某一过程提供安全保护，例如身份认证是对登录过程的保护，旨在防止黑客对网络资源的访问；②对网络资源的某一部分提供安全保护，例如防火墙是对网络资源的某个部分(本地网络资源)的保护；③对网络系统提供的某种服务提供安全保护，例如安全电子邮件服务是对网络系统提供的电子邮件服务的保护。

计算机病毒防护产品提供对计算机病毒的防护。病毒防护包括单机系统的防护和网络系统的防护。单机系统的防护侧重于防护本地计算机资源，而网络系统的防护侧重于防护网络系统资源。计算机病毒防护产品是通过建立系统保护机制，预防、检测和消除病毒。单机系统病毒防护产品提供对单机系统的病毒防护，既可以是软件产品，也可以是硬件产品。单机系统病毒防护产品的安全功能可归纳为以下5个方面：①预防计算机病毒侵入系统；②检测已侵入系统的计算机病毒；③定位已侵入系统的病毒；④防止病毒在系统中的传染；⑤清除系统中已发现的计算机病毒。网络系统病毒防护产品提供对网络系统的病毒防护。网络系统病毒防护产品的安全功能可归纳为以下5个方面：①预防计算机病毒侵入网络系统；②检测已侵入网络系统的病毒；③定位已侵入网络系统的病毒；④防止网络系统中病毒的传染；⑤清除网络系统中已发现的病毒。

访问控制产品保证系统的外部用户或内部用户对系统资源的访问以及对敏感信息的访问方式符合组织安全策略。本类产品主要包括：出入控制和存取控制。出入控制产品主要用于阻止非授权用户进入机构或组织。一般是以电子技术、生物技术或者电子技术与生物技术结合阻止非授权用户进入。出入控制产品包括：①物理通道的控制，例如利用重量检查控制通过通道的人数；②门的控制，例如双重门、陷阱门等；存取控制产品提供主体访问客体时的存取控制，如通过对授权用户存取系统敏感信息时进行安全性检查，以实现对授权用户的存取权限的控制。存取控制产品提供的安全功能可归纳为以下4个方面：①提供对口令字的管理和控制功能。例如提供一个弱口令字库，禁止用户使用弱口令字，强制用户更换口令字等；②防止入侵者对口令字的探测；③监测用户对某一分区或域的存取；④提供系统中主体对客体访问权限的控制。

加密产品提供数据加密和密钥管理。加密设备产品提供对数据的加密。加密设备产品提供的安全功能可归纳为以下三个方面：①对文字的加密；②对语音的加密；③对图像、图形的加密。密钥管理产品提供对密钥的管理。例如证书授权中心(提供对用户的公开密钥的管理)和密钥恢复。密钥管理产品的安全功能可归纳为6个方面：①密钥分发或注入；②密钥更新；③密钥回收；④密钥归档；⑤密钥恢复；⑥密钥审计。

鉴别产品提供身份鉴别和信息鉴别。身份鉴别是提供对信息收发方(包括用户，设备和进程)真实身份的鉴别；信息鉴别是提供对信息的正确性、完整性和不可否认性的鉴别。本类产品也提供防伪性。身份鉴别产品提供对用户的身份鉴别，主要用于阻止非授权用户对系统资源的访问。一般是以电子技术、生物技术或者电子技术与生物技术结合鉴别授权用户身份的真实性。身份鉴别产品的安全功能可归纳为三个方面：①根据用户的生物特性来鉴别其真伪；②根据用户所持物品来鉴别其真伪；③根据用户所知来鉴别其真伪。完整性鉴别产品提供信息完整性鉴别，使得用户、设备、进程可以证实接收到的信息的完整性。完整性鉴别产品的安全功能可归纳为：证实信息内容未被非法修改或遗漏，如完整性校验设备。不可否认性鉴别产品提供不可否认性鉴别，使得信息发送者不可否认对信息的发送和信息接收者不可否认对信息的接收。不可否认性鉴别产品的安全功能可归纳为两个方面：①证实发方发送的信息确实为收方接收，收方不可否认；②证实收方接收到的信息为发方发送，发方不可否认。

8.3 计算机信息系统安全专用产品的安全管理

8.3.1 计算机信息系统安全专用产品销售许可证申领

对计算机信息系统安全专用产品(以下简称安全专用产品)进行管理，保证安全专用产品的安全功能，维护计算机信息系统的安全，是网络安全管理的内容之一。

中华人民共和国境内的安全专用产品进入市场销售，实行销售许可证制度。专用产品的生产者在其产品进入市场销售之前，必须申领《计算机信息系统安全专用产品销售许可证》(以下简称销售许可证)，如图 8-1 所示。

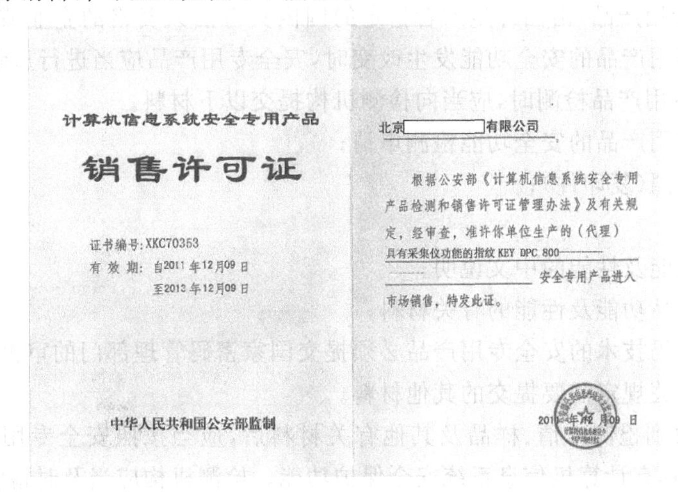
计算机信息系统安全专用产品

销售许可证

证书编号:XKC70353

有 效 期：自2011 年12月09 日

至2013 年12月09 日

中华人民共和国公安部监制

北京[illegible]有限公司

根据公安部《计算机信息系统安全专用产品检测和销售许可证管理办法》及有关规定，经审查，准许你单位生产的（代理）具有采集仪功能的指纹 KEY DPC 800——————安全专用产品进入市场销售，特发此证。

2011 年12 月09 日

图 8-1　计算机信息系统安全专用产品销售许可证

安全专用产品的生产者申领销售许可证,必须对其产品进行安全功能检测和认定。公安部计算机管理监察部门负责销售许可证的审批颁发工作和安全专用产品安全功能检测机构(以下简称检测机构)的审批工作。地(市)级以上人民政府公安机关负责销售许可证的监督检查工作。

8.3.2 计算机信息系统安全专用产品销售许可证检测机构的申请与批准

经省级以上技术监督行政主管部门或者其授权的部门考核合格的检测机构,可以向公安部计算机管理监察部门提出承担安全专用产品检测任务的申请。公安部计算机管理监察部门对提出申请的检测机构的检测条件和能力进行审查,经审查合格的,批准其承担安全专用产品检测任务。公安部计算机管理监察部门对承担检测任务的检测机构每年至少进行一次监督检查。被取消检测资格的检测机构,两年后方准许重新申请承担安全专用产品的检测任务。

检测机构应当履行下列职责。

(1) 严格执行公安部计算机管理监察部门下达的检测任务;

(2) 按照标准格式填写安全专用产品检测报告;

(3) 出具检测结果报告;

(4) 接受公安部计算机管理监察部门对检测过程的监督及查阅检测机构内部验证和审核试验的原始测试记录;

(5) 保守检测产品的技术秘密,并不得非法占有他人科技成果;

(6) 不得从事与检测产品有关的开发和对外咨询业务。

8.3.3 计算机信息系统安全专用产品的检测

安全专用产品的生产者应当向经公安部计算机管理监察部门批准的检测机构申请安全功能检测。对在国内生产的安全专用产品,由其生产者负责送交检测;对境外生产在国内销售的安全专用产品,由国外生产者指定的国内具有法人资格的企业或单位负责送交检测。当安全专用产品的安全功能发生改变时,安全专用产品应当进行重新检测。

送交安全专用产品检测时,应当向检测机构提交以下材料。

(1) 安全专用产品的安全功能检测申请;

(2) 营业执照(复印件);

(3) 样品;

(4) 产品功能及性能的中文说明;

(5) 证明产品功能及性能的有关材料;

(6) 采用密码技术的安全专用产品必须提交国家密码管理部门的审批文件;

(7) 根据有关规定需要提交的其他材料。

检测机构收到检测申请、样品及其他有关材料后,应当按照安全专用产品的功能说明,检测其是否具有计算机信息系统安全保护功能。检测机构应当及时检测,并将检测报告报送公安部计算机管理监察部门备案。

8.3.4　计算机信息系统专用安全产品销售许可证的审批与颁发

安全专用产品的生产者申领销售许可证，应当向公安部计算机管理监察部门提交以下材料。

(1) 营业执照(复印件)；

(2) 安全专用产品检测结果报告；

(3) 防治计算机病毒的安全专用产品须提交公安机关颁发的计算机病毒防治研究的备案证明。

公安部计算机管理监察部门自接到申请之日起，应当在 15 日内对安全专用产品作出审核结果，特殊情况可延至 30 日；经审核合格的，颁发销售许可证和安全专用产品“销售许可”标记；不合格的，书面通知申领者，并说明理由。

已取得销售许可证的安全专用产品，生产者应当在固定位置标明“销售许可”标记。任何单位和个人不得销售无“销售许可”标记的安全专用产品。销售许可证只对所申请销售的安全专用产品有效。当安全专用产品的功能发生改变时，必须重新申领销售许可证。销售许可证自批准之日起两年内有效。期满需要延期的，应当于期满前 30 日内向公安部计算机管理监察部门申请办理延期手续。

8.3.5　处理方法

生产企业违反本办法的规定，有下列情形之一的，视为未经许可出售安全专用产品，由公安机关根据《中华人民共和国计算机信息系统安全保护条例》的规定予以处罚。

(1) 没有申领销售许可证而将生产的安全专用产品进入市场销售的；

(2) 安全专用产品的功能发生改变，而没有重新申领销售许可证进行销售的；

(3) 销售许可证有效期满，未办理延期申领手续而继续销售的；

(4) 提供虚假的安全专用产品检测报告或者虚假的计算机病毒防治研究的备案证明，骗取销售许可证的；

(5) 销售的安全专用产品与送检样品安全功能不一致的；

(6) 未在安全专用产品上标明“销售许可”标记而销售的；

(7) 伪造、变造销售许可证和“销售许可”标记的。

检测机构违反本办法的规定，情节严重的，取消检测资格。

安全专用产品中含有有害数据危害计算机信息系统安全的，依据《中华人民共和国计算机信息系统安全保护条例》第二十三条的规定处罚；构成犯罪的，依法追究刑事责任。

依照《计算机信息系统安全专用产品检测和销售许可证管理办法》作出的行政处罚，应当由县级以上(含县级)公安机关决定，并填写行政处罚决定书，向被处罚人宣布。

习　　题

一、判断题

1. 计算机病毒是指编制或者在计算机程序中插入的破坏计算机功能或者毁坏数据，影响计算机使用的一组计算机指令或者程序代码。　　(　　)

2. 计算机病毒是指编制或者在计算机程序中插入的破坏计算机功能或者毁坏数据，影响计算机使用，并能自我复制的一组计算机指令或者程序代码。（　）

3. 建立本单位的计算机病毒防治管理制度是计算机信息系统的使用单位在计算机病毒防治工作中应当履行的职责之一。（　）

4. 采取计算机病毒安全技术防治措施是计算机信息系统的使用单位在计算机病毒防治工作中应当履行的职责之一。（　）

5. 对单位计算机上信息系统使用人员进行计算机病毒防治教育和培训是计算机信息系统的使用单位在计算机病毒防治工作中应当履行的职责之一。（　）

6. 及时检测、清除计算机上信息系统中的计算机病毒，并备有检测、清除的记录是计算机信息系统的使用单位在计算机病毒防治工作中应当履行的职责之一。（　）

7. "对因计算机病毒引起的计算机信息系统瘫痪、程序和数据严重破坏等重大事故及时向公安机关报告，并保护现场"是计算机信息系统的使用单位在计算机病毒防治工作中应当履行的职责之一。（　）

8. 在紧急情况下，公安部可以就涉及计算机信息系统安全的特定事项发布专项公告。（　）

9. 在紧急情况下，公安部可以就涉及计算机信息系统安全的特定事项发布专项通令。（　）

10. 计算机病毒疫情是指某种计算机病毒已经爆发的时间、破坏特点、破坏后果等情况报告。（　）

11. 计算机病毒疫情是指某种计算机病毒爆发、流行的时间、范围、破坏特点、破坏后果等情况的报告或者预报。（　）

二、选择题

1. 计算机病毒是指编制或者在计算机程序中插入的破坏计算机功能或者毁坏数据，影响计算机使用，并能（　）的一组计算机指令或者程序代码。

A. 自我传播　　B. 自我复制　　C. 自我感染　　D. 以上都是

2.（　）是指编制或者在计算机程序中插入的破坏计算机功能或者毁坏数据，影响计算机使用，并能自我复制的一组计算机指令或者程序代码。

A. 木马程序　　B. 计算机病毒　　C. 计算机病毒疫情　　D. 逻辑炸弹

3. 计算机病毒是指编制或者在计算机程序中插入的破坏计算机功能或者毁坏数据，影响计算机使用，并能自我复制的一组（　）。

A. 有序的计算机指令　　B. 源代码

C. 非法代码的总称　　D. 计算机指令或者程序代码

4.（　）是指某种计算机病毒爆发、流行的时间、范围、破坏特点、破坏后果等情况的报告或者预报。

A. 木马程序　　B. 计算机病毒　　C. 计算机病毒疫情　　D. 逻辑炸弹

5. 计算机信息系统的使用单位在计算机病毒防治工作中应当履行（　）职责。

A. 建立本单位的计算机病毒防治管理制度

B. 采取计算机病毒安全技术防治措施

C. 对单位计算机上信息系统使用人员进行计算机病毒防治教育和培训
D. 及时检测、清除计算机上信息系统中的计算机病毒，并备有检测、清除的记录
E. 使用具有计算机信息系统安全专用产品销售许可证的计算机病毒防治产品
F. 对因计算机病毒引起的计算机信息系统瘫痪、程序和数据严重破坏等重大事故及时向公安机关报告，并保护现场

参考文献

1. 公安部信息安全等级保护评估中心. 信息安全等级保护政策培训教程. 北京：电子工业出版社,2010.